国家骨干高职院校建设项目成果　环境艺术设计专业项目式教学系列教材

普通住宅室内设计

主　编　石　岩　唐　锐
副主编　崔永玉

U0291604

中国水利水电出版社
www.waterpub.com.cn

内 容 提 要

　　本教材是根据室内设计中普通住宅室内设计项目特点、按照项目实施的步骤过程编写的、面向环境艺术设计专业高职高专学生的教材。教材从普通住宅室内设计角度出发，分6个项目、8个子项目，这些项目大部分来源于真实的设计公司提供的项目方案。在学习过程中，分析项目单位中各部分的具体实施方法步骤，并在每个项目章节中穿插设计知识链接点，内容涵盖设计项目所涉及的专业拓展知识，有助于学生在进行项目实训时自学与开拓思维。

　　本教材可供高职高专院校环境艺术设计专业师生使用，也可供具有一定室内设计基础的设计人员参考。

图书在版编目（ＣＩＰ）数据

普通住宅室内设计 / 石岩，唐锐主编. -- 北京：
中国水利水电出版社，2014.8
　国家骨干高职院校建设项目成果　环境艺术设计专业
项目式教学系列教材
　ISBN 978-7-5170-2329-6

Ⅰ．①普… Ⅱ．①石… ②唐… Ⅲ．①住宅－室内装
饰设计－高等职业教育－教材 Ⅳ．①TU241

中国版本图书馆CIP数据核字(2014)第188647号

书　　名	国家骨干高职院校建设项目成果　环境艺术设计专业项目式教学系列教材 **普通住宅室内设计**
作　　者	主编　石岩　唐锐　副主编　崔永玉
出版发行	中国水利水电出版社 （北京市海淀区玉渊潭南路1号D座　100038） 网址：www.waterpub.com.cn E-mail：sales@waterpub.com.cn 电话：（010）68367658（发行部）
经　　售	北京科水图书销售中心（零售） 电话：（010）88383994、63202643、68545874 全国各地新华书店和相关出版物销售网点
排　　版	北京时代澄宇科技有限公司
印　　刷	北京博图彩色印刷有限公司
规　　格	210mm×285mm　16开本　8印张　226千字
版　　次	2014年8月第1版　2014年8月第1次印刷
印　　数	0001—2000册
定　　价	36.00元

哈尔滨职业技术学院环境艺术设计专业教材
编审委员会

编 写 说 明

为贯彻落实教育部《关于以就业为导向深化高等职业教育改革的若干意见》的精神，加强教材建设，确保教材质量，哈尔滨职业技术学院环境艺术设计专业教研室组织编写了一套项目导向式系列教材，由中国水利水电出版社出版，展示我校环境艺术设计专业学工融合、一体化教学的课程开发成果，为更好地推进国家骨干高职院校建设做出我们的贡献。

职业教育与社会经济的发展联系越来越紧密，职业教育课程的改革势在必行。"环境艺术设计专业项目式教学系列教材"就是在这样的背景下组织编写的。本系列教材的编者打破传统，摒弃长期以来存在的重理论知识轻职业能力的弊端，以黑龙江省教育厅《高职环境艺术设计专业实践育人模式的研究与实践》、黑龙江省职业教育学会《"学工融合工作室"人才培养模式创新研究》课题研究为依托，根据专业职业活动，确定教材内容，加以科学组织。

"环境艺术设计专业项目式教学系列教材"根据有关课题研究成果和长期教学经验以及建筑装饰企业常规管理规范，提出了项目导向式的教学模式。即以企业真实工作项目为载体，以岗位工作任务为导向，与企业第一线专家共同开发项目课程教材。按照建筑装饰行业核心能力的要求，围绕"学工融合的工作室"人才培养模式，建设环境艺术设计专业项目式教学系列教材，全面培养学生以专业能力、方法能力、社会能力为主的综合职业能力。

本系列教材与建筑装饰企业共同开发，将设计企业要求对设计人才的需求与环境艺术设计专业教学环节紧密结合，教学不再是教师的"一言堂"，而成为教、学双向互动的"满堂彩"。教材的主要特点如下：

一、依托室内设计工作室，与建筑装饰企业合作，引入企业真实项目和实际案例，实训教学与企业实际工作过程相结合，学生的实训更切合实际。

二、实训教学的考核和评价多元化，有学生的自我评价、互相评价，还有企业评价等。

三、注重培养学生的职业综合素质，强调团队合作、自主学习和沟通交流。

本系列教材适合于高等职业院校项目式课程改革使用，也可作为本专业技术人员的自学读物或培训用书。

本系列教材采取校企合作方式编写，突出工学结合的学工融合工作室式培养特色，教材具有较强的适用性、针对性和推广价值，愿以此系列教材为国家示范性高职院校和国家骨干高职院校建设贡献力量。

哈尔滨职业技术学院环境艺术设计专业教材编审委员会

2013 年 5 月

　　普通住宅室内设计课程是环境艺术设计专业的核心课程，也是建筑装饰行业企业室内设计师岗位工作的一项重要内容。《普通住宅室内设计》教材是哈尔滨职业技术学院根据国家骨干高职院校专业建设的要求，从"学工融合工作室"人才培养模式的角度出发，以"学工融合"为教学手段，"工作室"为实训平台，通过"项目导向式"的教学模式，探索一种真正适合高职院校"工学结合"教学模式的阶段性成果，教材以提高学生参与项目实践的能力、提升学生的职业素质与职业技能、培养符合建筑装饰行业企业需求的高端技术技能型人才为目标。

　　本教材具有以下特点：

　　一、引进真实项目，从项目调查到设计表达，每个部分都有相应的任务，并以"知识链接"的形式，穿插了相关的理论知识。学生可以通过任务的一步步实施，逐渐了解和掌握完整的设计程序，将有关的理论知识和操作技能进行巩固、提高及灵活运用。

　　二、本教材的任务需要学生组成小组共同完成，目的在于以诚信、合作、责任、敬业、创业等职业人文素质的养成为基础，通过团队的合作，提高学生学习本课程的积极性，培养学生的合作能力、沟通能力、协调能力、探索能力、创新能力等职业素养。

　　三、采用新型的教学评价体系，更全面、客观地考核学生。

　　本书主要编写人员分工如下：

教材章节		编写人员
项目一　设计方案策划		石岩
项目二　玄关、客厅（起居室）设计专项	子项目1　玄关设计专项	石岩
	子项目2　客厅（起居室）设计专项	石岩
项目三　卧室、书房（工作室）设计专项	子项目1　卧室设计专项	石岩
	子项目2　书房（工作室）设计专项	石岩
项目四　卫浴、厨房设计专项	子项目1　卫浴设计专项	唐锐
	子项目2　厨房设计专项	唐锐
项目五　住宅照明、软装饰设计专项	子项目1　住宅照明设计专项	唐锐
	子项目2　软装饰设计专项	唐锐
项目六　住宅综合设计专项		石岩
附录《住宅设计规范》（GB 50096—2011）（室内部分）		崔永玉

　　本教材建议总学时为88学时，以实际项目为导向，在配有图形工作站电脑的室内设计工作室中进行实训。由于本教材内容以黑龙江省内建筑装饰行业实际项目为主，因此，具体授课内容应以本地区实际情况进行增减并合

理选择。

　　在本书的编写过程中，得到所在学校领导、专业同事和行业同仁的大力帮助，在此要特别感谢各位。

　　普通住宅设计涉及面很广，种类繁多，由于本教材的侧重点和篇幅限制，在探索过程中编写难度较大，时间比较仓促，限于编者水平，教材中难免有不足之处，请同行和专家批评指正。

编　者

2014 年 5 月

目 录

目　录

目录

目 录

项目一 设计方案策划

一、项目导入

（一）项目名称

某小区高层普通住宅空间设计方案及策划。

（二）项目背景

此项目为普通住宅空间设计项目，位于某小区高层住宅内，住宅使用面积约为 75m²，层高 3m，根据项目调研结果及客户要求完成室内设计方案及策划。

二、项目分析

（一）项目要求

本项目实施前，学生应考虑以下几个项目要求：

（1）风格定位：方案规划要根据该项目的特点和业主要求格进行定位。

（2）功能设计：功能划分要考虑普通住宅功能划分的特点，合理安排生活起居、休息、室内交通的区域，符合防火、安全标准。

（3）考虑建筑本身的通风、水暖、电气的位置和走向，考虑建筑结构。

（4）建筑主体的改动要符合建筑规范。

（二）项目实施方法

组织学生结合市场进行调研，针对项目的内容和客户要求，制定完整的项目方案和策划。

（1）学生分组合作，自主完成，方案要有创意。

1）班级分组，以团队合作的形式共同完成项目，建议 4～5 人为一组，每个小组选出 1 名组长，负责项目任务的组织与协调，带领小组完成项目。小组成员需要独立完成各自分配的任务，并保证设计方案的整体性（后附班级分组表）。

2）每个小组完成最为完善的设计方案，并制作整套图纸。选出 1 名组员负责方案的讲解和答辩。

（2）建筑结构、辅助设施在符合建筑规范的基础上进行有限度的改动。

（3）布局和功能合理，设计风格符合企业特点。

三、学习目标

（一）知识目标

（1）掌握调研客户的方法，调查客户背景资料。

（2）掌握现场测绘的方法。

（3）掌握调查表的撰写方法。

（4）掌握原始现场资料的收集方法。

（二）能力目标

（1）培养学生设计调查能力。

（2）培养学生施工现场测量能力。

（3）培养学生资料收集整理能力。

（三）素质目标

（1）培养学生团队合作能力。

（2）培养学生沟通能力。

（3）培养学生独立解决问题能力。

四、项目实施步骤

（一）客户调研

1.调研目的

（1）客户调研是展示专业度，获取客户信任的第一步。同时也使设计师留给客户一个好的第一印象。

（2）客户调研帮助设计师对客户的状态做出分析判断，有利于设计师为客户提供专业、高效服务。

（3）客户调研帮助设计师鉴别真假客户，避免造成损失。

（4）客户调研增加对市场的进一步了解。

2.调研内容

（1）户型、面积：根据业主提供的户型平面图，得知户型图、建筑面积和使用面积。

（2）客户的喜好、生活习惯、文化背景、年龄、居

住人口数量：通过沟通与交流，了解客户的工作状态，客户喜欢的室内居住氛围、室内颜色，及对不同空间功能的需求和要求。

（3）建筑结构：了解了建筑结构就会对现有施工技术有一定了解，从而确定设计施工方法。

（4）建筑朝向：了解户型的朝向。此户型坐北朝南，主卧和客厅都是朝南方向。在中国，挑选住宅商品房的客厅，以朝南为最佳。北方地区历来形成的坐北朝南的住宅为最佳的生活习惯，造成消费者"有钱就买东南房"的需求心理。

3. 撰写调研报告

对调研的资料进行整理分析规划，要遵循业主所好。

为了准确把握客户需要的设计风格，满足客户的家居功能要求，为客户提供尽量完善的服务，设计师应当对客户家庭的基本资料、喜好、生活习惯及项目情况等进行调研（表1-1）。

表1-1 客户信息及项目情况

一、基础信息篇

客户姓名： 联系电话： E-MAIL：

测量地址：

实际量房时间： 年 月 日 时 分至 时 分

预计装修时间： 年 月 日 预计装修总费用： 元

居室面积：（建筑面积） m²

居室种类：□平层 □错层 □跃层 □复式 □别墅 □其他

二、个性记录篇

1. 您的年龄：□20～25岁 □25～35岁 □35～45岁 □45岁以上

2. 您的学历：□本科以下 □本科以上

3. 您的职业：□经商 □公务员 □高层管理 □医生 □教师 □艺术家 □其他

4. 您从事的行业：□IT □电子通信 □贸易 □服装 □鞋业 □房地产 □旅游 □媒体 □金融 □其他

5. 您的居室成员：□父母 □夫（妻） □女儿 □儿子 □孙子 □孙女 □保姆 □其他

6. 您的孩子年龄：□还没有孩子 □1～3岁 □4～6岁 □7～9岁 □10～13岁 □14～18岁 □18岁以上

7. 您认为最重要的日子：□您的生日 □孩子的生日 □结婚纪念日 □其他 日期是：

8. 您喜欢的家居风格：□中国古典风格 □欧式古典风格 □日式风格 □自然乡土风格 □现代风格 □混合型风格 □其他

9. 您喜欢的陈设品：摆设类：□雕塑 □玩具 □酒杯 □花瓶 □其他

10. 壁饰类：□工艺美术品 □各类书画作品 □图片摄影 □其他

11. 您喜欢：□陶器 □玉器 □木制品 □玻璃制品 □瓷器 □不锈钢 □其他

12. 您喜欢哪类画？□壁画 □油画 □水彩画 □国画 □招贴画 □其他

13. 您喜欢的家居整体色调：□偏冷 □偏暖 □根据房间功能

14. 您喜欢喝：□茶 □咖啡 □饮料 □水 □其他

15. 您的用餐习惯：□经常在家用餐 □经常在外用餐 □经常在家请客

16. 您的洗浴方式：□淋浴 □浴缸 □两样兼有 □其他

17. 您的作息时间：□正常 □早睡早起 □晚睡晚起

18. 您的个人爱好：□收藏 □音乐 □电视 □宠物 □运动 □读书 □旅游 □上网 □其他

19. 您的个人交际：□喜欢一家人享受家庭生活 □交际广泛 □家中偶尔有交际活动

20. 您通过什么媒体了解外面的信息？□电视 □广播 □报纸 □网络 □杂志 □（渠道发行）直投杂志

21. 你的住宅使用目的：□常年居住 □度假居住 □投资

22. 您选择装饰公司的关键因素：（请按关键程度排序：A、为首要因素 B、为次要因素 以此类推）
□价格 □设计 □品牌形象 □人员素质 □运作效率 □施工质量 □家居饰品配套功能

三、居室测量、沟通记录篇

1. 庭院： □有 共 m² □无

家庭共用空间间数：

2. 阳台： 个 书房： 个 餐厅： 个 客厅（起居室）： 个 储藏间： 个 娱乐间： 个 视听室： 个 车库： 个

3. 是否需要摆放书籍、收藏品及展示品：□是 □否

具体列举：

4. 设计师备忘录：

四、居室功能记录篇

功能＼空间	门厅	客厅	餐厅	厨房	书房	卫生间	儿童房	主卧	主卫生间	衣帽间	卧室1	卧室2
门套												
门												
门五金												
色彩												
墙体改动												
取暖												
空调												
电源线												
网线												
电话线												
管道												
下水管												
煤气表												
风烟道												
备注												

五、反馈篇

1.设计师反馈：

2.初次方案首约时间：　　　　年　　　　月　　　　日

3.预约签单时间：　　　　年　　　　月　　　　日

4.测量的居室面积：　　　　m²；　设计费：□免费　□收费；　设计费　　　　元

其他备注：

5.基础材质确定——饰面板：　　　　地面：

您的建议（或特殊说明）：

您对本公司的印象：　　□很好　　　　□比较好　　　　□一般

您对设计师量尺服务的印象：　□很好　　　　□比较好　　　　□一般

您的补充说明：

　　　　　　　　　　设计师签字：　　　　　　　　　客户签字：

　　　设计部经理意见：

　　　　　　　　　　　　　　　　　　　　　此单交回时间：　　　年　　月　　日

（二）设计现场调研

量房是房屋装修的第一步，这个环节虽然细小，但却是非常必需和重要的。量房并不只是测量数据那么简单。传统量房只要 10min，但要达到专业标准量房，至少需要 60min，设计师到现场量房，实地了解房屋内外结构和环境特点，为高品质家装打好坚实基础。

1.量房决定报价

简单地说，量房就是客户带设计师到新房内进行实地测量，对房屋内各个房间的长、宽、高以及门、窗、空调、暖气的位置进行逐一测量，量房首先对装修的报价会产生直接影响。同时，量房过程也是客户与设计师进行现场沟通的过程，它虽然花费时间不多，但看似简单的工作却影响和决定着接下来的每个装修环节。

2.量房决定设计

设计不是简单的机械重复，每位业主的房屋内外环境都是不同的，不同的地理环境与空间状态，决定了不一样的设计。设计师在量房现场，就必须仔细观察房屋的位置和朝向，以及周围的环境状态，噪声是否过大、空气质量如何、采光是否良好等。因为这些状况直接影响到后期的设计，若房子临近街道，过于吵闹，设计师可以建议业主安装中空玻璃，这样隔音效果比较好；如果房屋原来采光不好，则需要用设计来弥补。

3.量房工具

卷尺、纸、笔（最好两种颜色，用以标注特别之处）、最好带上数码相机，以便在平面上对空间有个认识。

4.量房步骤

不同设计师有不同的量房方法，其实只要准确地测量出业主的房型就实现了量房的目的。在此，把量房步骤加以简单的归纳，提供给大家做参考，希望可以帮助大家把装修变成一件轻松的事情。

（1）巡视一遍所有的房间，了解基本的房型结构，对于特别之处要予以关注。

（2）在纸上画出大概的平面（不讲求尺寸，这个平面只是用于记录具体的位置，但要体现出房间与房间之间的前后、左右连接方式）（图1-1）。

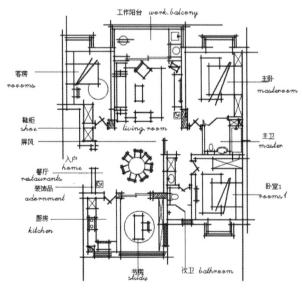

图1-1 平面草图

（3）从进户门开始，一个一个房间测量，并把测量的每一个数据记录到平面中相应的位置上。

1）卷尺量出房间的长度、高度（长度要紧贴地面测量，高度要紧贴墙体拐角处测量）。

2）把通向另一个房间的具体尺寸再测量、记录（了解两个房间之间的空间结构关系）。

3）观察四面墙体上如果有门、窗、开关、插座、管子等，在纸上简单示意。

4）测量门本身的长、宽、高，再测量这个门与所属墙体的左、右间隔尺寸，测量门与天花的间隔尺寸。

5）测量窗本身的长、宽、高，再测量这个窗与所属墙体的左、右间隔尺寸。

6）测量窗与天花的间隔尺寸。

7）按照门窗的测量方式记录开关、插座、管子的尺寸（厨房、卫生间要特别注意）。

8）要注意每个房间天花上的横梁尺寸以及固定的位置。

（4）按照上述方法，把房屋内所有的房间测量一遍。如果是多层的，为了避免漏测，测量的顺序要一层测量完再测量另外一层，而且房间的顺序要从左到右。

（5）有特殊之处用不同颜色的笔标示清楚。

（6）在全部测量完后，再全面检查一遍，以确保测量的准确、精细。

5.量房注意事项

（1）了解总电表的容量，计算一下大概使用量是否足够，如果需要大功率的则需要提前到供电局申请改动。

（2）了解煤气、天然气容量，同样，若有变动需要提前到煤气公司申请。

（3）根据房型图（请注意，不是买房子的时候拿到的房型图，而是由物业提供的准确的建筑房型图），了解哪些墙是承重墙。

（4）了解进户水管的位置以及进户后的水管是几分管。

（5）了解下水的位置和坐便器的坑位。

（三）收集整理调研资料

1.市场情况及户型构成因素

了解发布楼盘地域户型特点以及购买人群，使用人群的特点、综合素质、家庭规模和结构对户型要求、对室内设计空间划分功能要求，不同身份的人对室内设计风格类型的要求等。

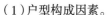

（1）户型构成因素。

1）家庭规模和结构。家庭规模则决定了在设计户型时面积的大小，多大面积才能满足相应规模家庭居住。而家庭结构方面又决定了户型设计的结构，户型功能上的区分，如父母房、儿童房、书房、健身房或工人房。置业者在购买住房时就可以根据个人家庭需要来选择房间的数量。家庭行为模式（现代家庭与传统家庭）即每个人的生活是由不同的模式而规划的，例如，学者有学者的生活模式，政客有政客的生活模式，走在时尚尖端的人有个性的生活模式，年长的人有着传统正派的生活模式。所以在户型设计上就会依靠不同的家庭模式来寻找户型设计点来满足不同家庭的需要。

2）消费者对户型和空间功能的要求及特征。在不同的时期，每位置业者选择购房的原因有所不同，他们是根据不同的需求来选择的。

a. 环境需求。如南方人较重视通风，北方人较重视朝向。

b. 安全需求。如选择的同时会考虑到住宅楼宇是否安全，质量是否过关等。

c. 交往需求。如有的北京人喜欢呼朋唤友来家做客，而有的上海人则喜欢闲暇之时独处。

d. 审美需求。美的意思是指合理的户型结构才能把家按照个人的喜好装饰满意。

3）项目的硬件因素。

a. 项目所处地域的地理特征。地理特征所决定的就是先确定在该地段可建造什么住宅，才可决定什么样的户型结构会满足该地段。

b. 项目的景观环境。不同的景观可以给置业者不同的选择，同样的不同的景观也决定户型的朝向与使用功能的布局，这决定每个户型中有多少间房可以面向景观。

4）项目的规划与布局。一个项目在初始阶段都经历严谨的市场调研，才可以规划出适合项目所在地段的住宅需求，如面积的大小、户型结构（单身公寓、一室一厅、二室、三室等）。

5）小区内部环境营造。小区的环境是决定户型面积大小的因素之一，也是决定户型设计的重要因素，如：

别墅区的小区环境肯定高于一般住宅的环境，所以相对户型结构上就有明显的区分。

6）社会因素（也称其他因素）。国家有关政策与法规、宏观调控、项目所处区域的风俗习惯、社会人文环境、开发商的控制、社会经济水平的发展等。

以上所提到的影响室内设计的主要因素：消费者的行为状态因素，项目的硬件因素，社会因素，可以让我们更清楚地知道，现今社会中，随着城市的不断发展，经济的不断提高，人们对居住环境的要求不断提高，到底什么样的室内设计才是人们最需要的，但无论是何种设计，最终都离不开"人性化"。

（2）户型面积的决定因素。在所有涉及室内设计的问题中，当属以下两点最为关键，即各户型类别在项目中的配置比例和每一种户型的面积大小。因为前者决定项目主要卖给谁，而后者则将决定项目是否能真正满足这些人。

2. 市场类型

（1）高端市场。高端市场主要是别墅市场、顶级私人会所等楼盘。调查了解建筑面积或者使用面积在每平方米 10000 元以上的高端市场的市场占有率，整理高端市场中空间设计的费用在每平方米 2500 元以上的别墅市场及尖端市场总容量，并且统计其与每平方米 1500 元左右价格的大户型占有率的比例，是否两极分化比较严重，是否以高端的大户型为主，对材料、品牌的认识跟市区是否有差异性，是否能接受品牌装饰企业，是喜欢去大城市找顶级设计师设计还是找本地人去施工。

（2）中高端市场。中高端市场客户是否主要集中在市区，户型主要为大户型公寓、复式等，面积 120 ~ 150m²，建筑面积费用在 8000 元左右的户型，其单方设计费用 800 ~ 1000 元，中高端市场保守占有率在整个市场中的比例很难掌握。

（3）中端以下市场。主要指建筑面积费用在 5000 元左右，其单方设计费用在 800 元以下，100m² 的房子连精装带主材订单总价 5 万 ~ 6 万元，这一块市场非常巨大，这些份额被数以千计的小装修公司及装修队占去。

3. 基本竞争格局分析

在装饰公司的调研中，由于装饰的中端、低端市场容量大，装饰企业竞争也很惨烈。还有一些非常优秀的高端工作室，包括一些设计师，在公司以外接一些高端的项目，这一部分的单子数量也会大的多。一些大公司定位模式雷同，施工工艺普遍落后，辅材中木作、面板、线条等实木类配套不齐全；一些南方人对北方的装饰公司认可度低，主要原因是一些业主认为北方人大多粗线条，理念跟模式都太北方化，强调签单效果，服务不够精细。

4.使用人群分析

通过职业、职位、年龄、兴趣、学历、爱好分析，了解客户的消费观念、价值取向。不同消费对象有着截然不同的需求，那么开发商又是如何知道所确定的户型面积是正和目标消费者心意的呢？我们认为，必须从以下4个因素综合权衡、定位：

（1）低端客户——性价比。

（2）中端客户——品牌、品质。

（3）高端客户——品牌、品质、品位。

（4）核心客户——谈价值不谈价格，价值的增值。

5.消费者对户型以及设计装修选择的应性

一般而言，一室一厅的小户型只能做过渡只用，其购买者将主要年龄在30岁以下，未婚或刚刚结婚的年轻人，其购买动因主要是工作时间不畅，积蓄不多而又渴望拥有一片自己小天地。从功能上来说，厅、房、卫、阳台等空间都应具备，但每一部分的面积都比较小，而且需要布局紧凑，因此总面积也不应该超过50m²。否则就失去了过渡房的本意。在室内设计上相对来说注重设计的性价比，不会浪费过多的经历和资金在装修上。

两室两厅、三室两厅所面对的消费群则最为复杂对室内设计的装修上介于中端和低端客户之间。有的3口之家因小孩儿尚小，两房即已足够，但他们生活可能较宽裕，因而偏好面积宽松布局更合理的大面积两房；有些家庭的孩子尚小，业主也不会对其过渡房装修进行大幅度的资金投入，但会更注重环保材料的使用；而孩子为青年的家庭购买房子面积相对较大，用作过渡房的几率较小，父母也进入了中年，收支比较稳定，会投入一

些资金在装修上，以便生活得更舒适。而有的工薪家庭人口较多却薪资不多，当然更希望买房间较多而面积偏小的三房，在设计上会注重实用性的设计装修。

较大的三房或四室以上、150m²以上的房子，其面积敏感度相对较差。职业者多为成功人士或高级白领，购买力强劲，但较为实用主义，需要布局合理，在设计上会追求属于自己风格的装修而投入较多的装修资金。

从另外一种角度上来说，置业消费可以分为一次置业和二次置业（或多次置业），对一次置业消费者来说，其置业目的主要考虑的是居住的实用性和合理性，也就是达到安置和居住的目的就可以了，而二次置业的动机相对复杂，简单概括为以下3种类型：第一种是为了改善居住环境，以小换大，选择自己更满意的住宅；第二种是投资目的，买了房子以后，进行简单的装修，再租出去赚钱，或买房后等待时机出售赚钱；第三种是买给父母或亲人居住。

（四）总括设计方案

1.项目分析

（1）总括设计项目定位。项目为高端、中端、低端。

1）高收入人群往往拥有足够的经济基础，并且他们对高品质的家居生活十分关注，他们会投入更多的财力，去挑选合适的设计师来打造自己的居住空间。首先要求设计师的起始定位要够高，其次设计师必须有比较深厚的高端生活研究积淀。成功的高端设计，有3种类型：一种是以奢侈品的价格销售普通设计品质的产品，纯属捞金；一种是以高价销售中档品质的设计产品，走款式时尚路线，商标显眼，迎合不成熟的"奢侈品"爱好者，叫做"大众奢侈品"，最后一种是真正的奢侈品，以手工定制为主，真正最好的质量，款式趋向经典保守而不是商家导演的所谓设计流行时尚，适合成熟实力人士，其中多数家具品牌不为普通人所知。

2）中端消费者多数是中产阶级，他们会投入一定的时间亲自去了解与比较设计装修风格，会对一些中意的产品进行详细比较。价格、品质、环保、品牌都是他们综合考虑的因素。

3）对于低端消费者来讲，预算比较有限，对价格敏

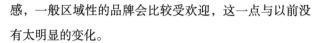

感，一般区域性的品牌会比较受欢迎，这一点与以前没有太明显的变化。

（2）总括设计项目类型分析。使用类型、装修风格、硬装造价等。

（3）住宅特征。普通住宅、错层、复式、Loft、公寓、别墅（联排、独栋）。

（4）初步设计观点。贵的方案不一定是好的设计，低端客户不一定就不能做配饰，只是需求点不同而已。

2.设计方案的内容

（1）硬装功能设计分析。

（2）硬装空间的界面设计划分。

（3）硬装照明设计分析。

（4）硬装完成后空间设计分析（材料、工艺、风格、色调）。

（5）软装设计风格定位。

（6）软装设计风格元素分析。

（7）软装设计元素定位（设计理念）。

（8）软装设计风格色彩定位（背景色、主题色、点缀色）。

五、知识链接

（一）室内设计的含义

人的一生，绝大部分时间是在室内度过的，因此，人们设计创造的室内环境，必然会直接关系到室内生活、生产活动的质量，关系到人们的安全、健康、效率、舒适等。室内环境的创造，应该把保障安全和有利于人们的身心健康作为室内设计的首要前提。人们对于室内环境除了有使用安排、冷暖光照等物质功能方面的要求之外，还常有与建筑物的类型、性格相适应的室内环境氛围、风格文脉等精神功能方面的要求。

室内设计是根据建筑物的使用性质、所处环境和相应标准，运用物质技术手段和建筑美学原理，创造功能合理、舒适优美、满足人们物质和精神生活需要的室内环境。这一空间环境既具有使用价值，满足相应的功能要求，同时也反映了历史文脉、建筑风格、环境气氛等精神因素。

上述含义中，明确地把"创造满足人们物质和精神生活需要的室内环境"作为室内设计的目的，即以人为本，一切围绕为人的生活及生产活动创造美好的室内环境为出发点。

室内设计中，从整体上把握设计对象的依据因素有以下3点。

（1）使用性质——为满足什么样功能设计建筑物和室内空间。

（2）所在场所——这一建筑物和室内空间的周围环境状况。

（3）经济投入——相应工程项目的总投资和单方造价标准的控制。

设计构思时，需要运用物质技术手段，即各类装饰材料和设施设备等，这是容易理解的；还需要遵循建筑美学原理，这是因为室内设计的艺术性，除了有与绘画、雕塑等艺术之间共同的美学法则（如对称、均衡、比例、节奏等）之外，作为"建筑美学"，更需要综合考虑使用功能、结构施工、材料设备、造价标准等多种因素。建筑美学总是和实用、技术、经济等因素联结在一起，这是它有别于绘画、雕塑等纯艺术的差异所在。

现代室内设计既有很高的艺术性的要求，其涉及的设计内容又有很高的技术含量，并且与一些新兴学科，例如人体工程学、环境心理学、环境物理学等关系极为密切。现代室内设计已经在环境设计系列中发展成为独立的新兴学科。

设计时需要考虑的几种因素：家庭人口构成、民族和地区的传统、特点和宗教信仰、职业特点、工作性质、业余爱好、生活方式、个性特征和生活习惯、经济水平和消费投向的分配情况。

（二）室内设计的内容和相关因素

1.空间组织和界面处理

室内设计的空间组织，包括平面布置，首先需要对原有建筑设计的意图充分理解，对建筑物的总体布局、功能分析、人流动向以及结构体系等有深入的了解，在室内设计时对室内空间和平面布置予以完善、调整和再创造。

室内界面处理，是指对室内空间的各个围合面——地面、墙面、隔断、平顶等各界面的使用功能和特点的分析，界面的形状、图形线脚、肌理构成的设计，以及界面和结构构件的连接构造，界面和风、水、电等管线设施的协调配合等方面的设计。

2. 室内光照、色彩设计和材质选用

室内光照是指室内环境的天然采光和人工照明，光照除了能满足正常的工作生活环境的采光、照明要求外，光照和光影效果还能有效地起到烘托室内环境气氛的作用。色彩还必须依附于界面、家具、室内织物、绿化等物体。室内色彩设计需要根据建筑物的性格、室内使用性质，工作活动特点、停留时间长短等因素，确定室内主色调。

材料质地的选用，是室内设计中直接关系到实用效果和经济效益的重要环节。饰面材料的选用，同时具有满足使用功能和人们身心感受这两方面的要求，例如坚硬、平整的花岗石地面，光滑、精巧的镜面饰面，轻柔、细软的室内纺织品，以及自然、亲切的本质面材等。

3. 室内内含物——家具、陈设、灯具、绿化等的设计和选用

家具、陈设、灯具、绿化等室内设计的内容，相对地可以脱离界面布置于室内空间里，在室内环境中，实用和观赏的作用都极为突出，通常它们都处于视觉中显著的位置，家具还直接与人体相接触，感受距离最为接近。家具、陈设、灯具、绿化等对烘托主内环境气氛，形成室内设计风格等方面起到举足轻重的作用。

室内绿化在现代室内设计中具有不能代替的特殊作用。室内绿化具有改善室内小气候和吸附粉尘的功能，更为主要的是，室内绿化使室内环境生机勃勃，带来自然气息，令人赏心悦目，起到柔化室内人工环境，在高节奏的现代社会生活中具有协调人们心理平衡的作用。

上述室内设计内容所列的3个方面，其实是一个有机联系的整体：光、色、形体让人们能综合地感受室内环境，光照下界面和家具等是色彩和造型的依托"载体"，灯具、陈设又必须和空间尺度、界面风格相协调。

人们常称建筑学是工科中的文科，现代室内设计能否认为是处在建筑艺术和工程技术、社会科学和自然科学的交汇点？现代室内设计与一些学科和工程技术因素的关系极为密切，例如学科中的建筑美学、材料学、人体工程学、环境物理学、环境心理和行为学等；技术因素如结构构成、室内设施和设备、施工工艺和工程经济、质量检测以及计算机技术在室内设计中的应用（AutoCAD）等。

（三）室内设计的程序步骤

室内设计根据设计的进程，通常可以分为4个阶段，即设计准备阶段、方案设计阶段、施工图设计阶段和设计实施阶段。

1. 设计准备阶段

设计准备阶段主要是接受委托任务书，签订合同，或者根据标书要求参加投标；明确设计期限并制定设计计划进度安排，考虑各有关工种的配合与协调。

明确设计任务和要求，如室内设计任务的使用性质、功能特点、设计规模、等级标准、总造价，根据任务的使用性质所需创造的室内环境氛围、文化内涵或艺术风格等。

熟悉与设计有关的规范和定额标准，收集分析必要的资料和信息，包括对现场的调查踏勘以及对同类型实例的参观等。

在签订合同或制定投标文件时，还包括设计进度安排，设计费率标准，即室内设计收取业主设计费占室内装饰总投入资金的百分比（通常由设计单位根据任务的性质、要求、设计复杂程度和工作量，提出收取设计费率数，通常在4%～8%，最终与业主商议确定）。

2. 方案设计阶段

方案设计阶段是在设计准备阶段的基础上，进一步收集、分析、运用与设计任务有关的资料与信息，构思立意，进行初步方案设计，深入设计，进行方案的分析与比较。

确定初步设计方案，提供设计文件，室内初步方案的文件通常包括：

（1）平面图（包括家具布置），常用比例1∶50、1∶100（图1-2）。

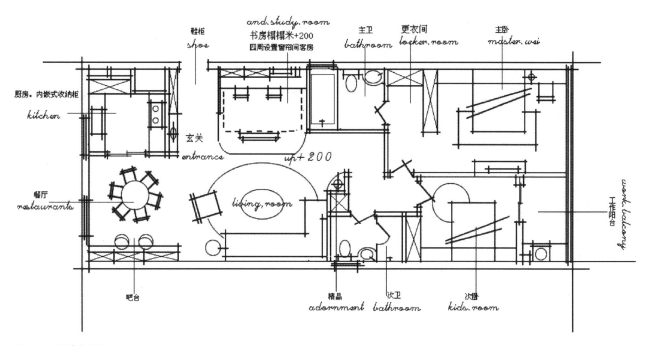

图 1-2　设计方案图

（2）室内立面展开图，常用比例 1：20、1：50。

（3）平顶图或仰视图（包括灯具、风口等布置），常用比例 1：50、1：100。

（4）室内透视图或效果图。

（5）室内装饰材料实样版面（墙纸、地毯、窗帘、室内纺织面料、墙地面砖及石材、木材等均用实样，家具、灯具、设备等用实物照片）。

（6）设计意图说明和造价概算。

初步设计方案需经审定后，方可进行施工图设计。

3.施工图设计阶段

施工图设计阶段需要补充施工所必要的有关平面布置、室内立面和平顶等图纸，还需包括构造节点详图、细部大样图以及设备管线图，编制施工说明和造价预算。

4.设计实施阶段

设计实施阶段也是工程的施工阶段。室内工程在施工前，设计人员应向施工单位进行设计意图说明及图纸的技术交底；工程施工期间需按图纸要求核对施工实况，有时还需根据现场实况提出对图纸的局部修改或补充（由设计单位出具修改通知书），施工结束时，会同质检部门和建设单位进行工程验收。

为了使设计取得预期效果，室内设计人员必抓好设计阶段的每个环节，充分重视设计、施工、材料、设备等各个方面，并熟悉、重视与原建筑物的建筑设计、设施（风、水、电等设备工程）设计的衔接，同时还须协调好与建设单位和施工单位之间的相互关系，在设计意图和构思方面取得沟通与共识，以期取得理想的设计工程成果。

（四）室内设计的依据、要求和特点

1.室内设计的依据

（1）人体尺度以及人们在室内停留、活动、交往、通行时的空间范围，指的是人体的尺度和动作域所需的尺寸和空间范围，人们交往时符合心理要求的人际距离，以及人们在室内通行时有形无形的通道宽度。人体的尺度，即人体在市内室内完成各种动作的活动范围，是确定室内诸如门扇、踏步、窗台、阳台、家具的尺寸及其相间距离，以及楼梯平台、室内净高等最小高度的基本依据。涉及人们在不同性质的室内空间内，从人们的心理感受考虑，还要顾及满足人们心理感受需求的最佳空间范围。

从上述的依据因素，可以归纳为：

1）静态尺度（人体尺度）。

2）动态活动范围（人体动作域与活动范围）。

3）心理需求范围（人际距离、领域性等）。

（2）家具、灯具、设备、陈设的尺寸，以及使用、安置它们时所需的空间范围。室内空间里，除了人的活动外，主要占有空间的内含物即是家具、灯具、设备、陈设之类。在有的室内环境中，如玄关、高雅的餐厅等，室内绿化和水石小品等所占空间尺寸也应成为组织、分隔室内空间的依据条件。

对于灯具、空调设备、卫生洁具等，除了有本身的尺寸以及使用、安置时必需的空间范围之外，值得注意的是，此类设备，由于在建筑物的土建设计与施工时，对管网布线等都已有一整体布置，室内设计时应尽可能在它们的接口处予以连接、协调。诚然，对于出风口、灯具位置等从室内使用合理和造型等要求，适当在接口上作些调整也是允许的。

（3）室内空间的结构构成、构件尺寸，设施管线的尺寸和制约条件。室内空间的结构体系、柱网的开间间距、楼面的板厚梁高、风管的断面尺寸以及水电管线的走向和铺设要求等，都是设计室内空间时必须考虑的。有些设施内容，如风管的断面尺寸、水管的走向等，在与有关工机房的各种电缆管线常铺设在架空地板内，室内空间的竖向尺寸，就必须考虑这些因素。

（4）符合设计环境要求、可供选用的装饰材料和可行的施工工艺。由设计设想变成现实，必须动用可供选用的地面、墙面、顶棚等各个界面的装饰材料，采用现实可行的施工工艺，这些依据条件必须在设计开始时就考虑到，以保证设计图的实施。

（5）业已确定的投资限额和建设标准，以及设计任务要求的工程施工期限。具体而又明确的经济和时间概念，是一切现代设计工程的重要前提。在工程设计时，建设单位提出的设计任务书，有关的规范（如防火、卫生防疫、环保等）和定额标准，都是室内设计的依据文件。此外，原有建筑物的建筑总体布局和建筑设计总体构思也是室内设计时重要的设计依据因素。

2.室内设计的要求

（1）室内设计的要求主要有以下几项。

1）具有使用合理的室内空间组织和平面布局，提供符合使用要求的室内声、光、热效应，以满足室内环境物质功能的需要。

2）具有造型优美的空间构成和界面处理，宜人的光、色和材质配置，符合建筑物性格的环境气氛，以满足室内环境精神功能的需要。

3）采用合理的装修构造和技术措施，选择合适的装饰材料和设施设备，使其具有良好的经济效益。

4）符合安全疏散、防火、卫生等设计规范，遵守与设计任务相适应的有关定额标准。

5）随着时间的推移，考虑具有适应调整室内功能、更新装饰材料和设备的可行性。

6）联系到可持续性发展的要求，室内环境设计应考虑室内环境的节能、节材、防止污染，并注意充分利用和节省室内空间。

（2）从上述室内设计的依据条件和设计要求的内容来看，相应地也对室内设计师应具有的知识和素养提出要求，或者说，应该按下述各项要求的方向，去努力提高自己。归纳起来有以下方面。

1）具备建筑单体设计和环境总体设计的基本知识，特别是对建筑单体功能分析、平面布局、空间组织、形体设计的必要知识，具有对总体环境艺术和建筑艺术的理解和素养。

2）具有建筑材料、装饰材料、建筑结构与构造、施工技术等建筑材料和建筑技术方面的必要知识。

3）具有时声、光、热等建筑物理，风、水、电等建筑设备的必要知识。

4）对一些学科，如人体工程学、环境心理学等，以及现代计算机技术具有必要的知识和了解。

5）具有较好的艺术素养和设计表达能力，对历史传统、人文民俗、乡土风情等有一定的了解。

6）熟悉有关建筑和室内设计的法规和规章。

六、项目检查表

项目检查表			
实践项目	普通住宅室内设计项目		
子项目	项目调研	工作任务	施工现场调研
检查学时	0.5 学时		
序号	检查项目	检查标准	组内互查	教师检查
1	调研工具	是否齐全		
2	现场测绘图纸	是否准确		
3	调研记录	是否详细		
4	调研报告	是否完整		

检查评价	班级		第　组		组长签字	
	教师签字		日　期			
	评语：					

七、项目评价表

项目评价表						
实践项目	某小区高层普通住宅空间设计方案策划					
子项目	项目调研		工作任务		施工现场调研	
评价学时	1 学时					
考核项目	考核内容及要求	分值	学生自评（10%）	小组评分（20%）	教师评分（70%）	实得分
设计方案	方案合理性、创新性、完整性	50				
方案表达	设计理念表达	15				
完成时间	3课时时间内完成，每超时5min扣1分	15				
小组合作	能够独立完成任务得满分	20				
	在组内成员帮助下完成得15分					
总分		100				

项目评价	班级			姓名		学号	
	教师签字			第　组	组长签字		
	评语：						
	日期						

八、项目总结

在地产户型调研中，不能单一的从地理位置判断户型的优势，户型优势首先是位居中心，购物、交通、医疗比较方便，其次是户型和面积区间比较合理，户型结构方面也应该作为重点；通过行业调研，了解市场，设计师擅长设计特点以及市场对户型和装饰风格需求；客户调研，了解客户对不同空间的功能性要求以及造价预算；设计现场调研，从而绘制住宅室内流线图、草图、图纸，做出动态分布分析图。

九、项目实训

（一）实训内容

1. 项目分组

模拟设计公司，组成项目小组，每组 4 ~ 5 人，可自由组合或抽签决定，每组推选一位项目经理或总设计师。明确每人分工。

2. 设计资料收集

在项目开始前，需要有针对性的资料收集，通过这些资料开拓设计思路。当前网络时代资料的收集很方便，通过互联网可以查到很多信息，尤其是图像信息。

3. 市场调研

市场调研的重点是课程内的知识，主要有以下几个调研内容。

（1）调研与项目相关的样板房或示范单元。吸取优点，改进不足，尤其在结构和布局上，很有参考价值。

（2）调研与项目相似的成熟设计。市场上有很多优秀的设计作品，对设计师拓展思路有很大的好处。

（3）调研与项目相关的材料、做法、价格等要素。实际项目操作情况下，必须综合考虑成本、需求、行情等。

4. 撰写调研报告

（1）调研项目的市场行情、好的思路和成功案例。

（2）由调研内容引出设计构思和方向。

（3）调研报告的形式：图文结合、多种形式并举、内容丰富。

5. 确定设计思路

通过客户定位和市场调研，确定设计思路。

（二）实训总体要求

（1）收集大量与普通住宅空间有关的设计资料。

（2）调研设计公司操作流程，了解设计师职业岗位。

（3）通过实际案例，分析客户信息，应对各种不同状况。

项目二　玄关、客厅（起居室）设计专项

子项目1　玄关设计专项

一、学习目标

（一）知识目标

（1）了解普通住宅玄关空间的设计方法。

（2）利用图式思维在设计方案阶段完成设计构思。

（3）掌握正确的设计成果表达方法。

（4）学会常见室内设计材料的使用方法。

（二）能力目标

通过理论教学与住宅空间设计的实践，了解普通住宅玄关空间的设计方法，学会如何针对客户要求进行市场调研，使学生获得自主设计能力。在将知识融会贯通的过程中，达到通过客户调研和合理构思独立完成设计方案以及策划的能力。

（三）素质目标

（1）培养学生设计创新能力。

（2）培养学生人际协调能力。

（3）培养学生团队合作能力。

（4）培养学生独立工作能力。

二、项目实施步骤

（一）项目调研

1.玄关的设计

玄关，也叫门厅。这个空间在住房面积紧张的前几年，还是一般老百姓所不敢问津的，通常进入一个家居，一步就踏进客厅。近年，随着住房水平的逐年提高，玄关在家居中也日渐普及起来。

最早，我们是从欧美一些国家及中国港台地区的那些家居中发现了这个空间的美妙的，所以，有很多人以为这个空间是借鉴海外的设计而来的。然而事实并非如

此，我们从传统民居中的"影壁墙"就可得到佐证，"影壁墙"的功能与当今的玄关的功能颇为类似。

2.玄关设计风格构思

玄关的设计风格和造型特征是需要从整体考虑的，考虑其形式和风格、文化背景、家庭人口构成等。通过玄关，可以给室内外的过渡，带来一个缓冲空间，为刚进门的人一个心理暗示和领域感。玄关作为进入客厅等空间的第一道风景，通常起到的是类似乐曲的序曲作用。如果说一个家居的设计是一幕大戏的话，那么玄关无疑就是那幕布，走出玄关，幕布也随之打开，一台精彩的大戏就此开始。

调研要点：考虑其家庭的职业特点，艺术爱好，人口组成，经济条件和业余活动等。

（二）策划设计方案

搜集业主户型信息，测量住宅室内空间的数据，画出室内平面的草图，标明详细的尺寸，作为进行任务实施的依据。

（1）根据对设计项目的调研，有针对性地对空间特征与功能分析。

（2）明确设计任务和要求。

（3）填写业主要求意向表。

（4）沟通初步设计的意向对空间、风格定位的类型。

（三）方案草图设计

通过现场的考察，进行方案草图设计，并绘出方案草图。

（四）电脑施工图绘制

学生在机房用 AutoCAD 软件绘制正式的平面布置图。

（五）电脑效果图绘制

完成施工图的基础上，明确各个立面与平面的功能布局，装饰材料使用，灯具位置后进行室内效果图制作。

三、知识链接

（一）玄关在住宅空间中的功能

玄关是进入住宅的第一个空间，是室外到室内的过渡，给人留下最初的印象，是调整人们的心理状态以及防止污染侵入、具有一定收纳功能的缓冲区。玄关设计是室内装饰的重点，其装饰形式要与室内装饰风格相统一。此空间按面积大小不同，常以不同的形式表现。在设计时需考虑第一视觉印象，其形象和用意，起着划分和美化客厅区域，避免"开门见山，一览无余"的作用。功能是在玄关可设置鞋柜、衣帽柜、穿衣镜及简单的家具，而装饰品的安排有提神和点睛的作用（图2-1）。

玄关是住宅的前厅，室内和户外的过渡地带，故此处应有一定的活动与滞留空间，并且还要具备过渡地带应有的存衣、存物架和其他设备。入口处使用的材料应

耐久、易清洗。

（二）玄关的设计原则

一说到玄关，可能很多人更多地想到要设计一个鞋柜和衣柜，以方便出入家门时换鞋换衣。这个想法也不能说错，但要注意的是，如果一个满足了这些功能的玄关，却凌乱如储藏室，还谈什么美感，更不用说什么家居的"第一道风景"了。

聪明的业主一般会要求设计师把鞋柜和衣柜尽量低调地立于玄关里，只要满足一定程度的这些功能就可以了。如果鞋柜和衣柜的容量实在不够用，可以想办法在其他空间补救。玄关一定要是美的。

那么玄关怎么才能更美呢？可以从以下方面考虑。

1. 整个家居风格的延伸

把室内设计风格的元素延伸甚至浓缩进玄关。例如，一个现代感极强的家居玄关可以采用一些能表达时尚、前卫的玻璃元素等。通常，一个漂亮的金属质感的工艺品，会给空间带来无限前卫而又写意的趣味。同时，一个线面流畅现代感十足的鞋柜，既满足了玄关的功能需要，又与玄关的风格极为协调匹配。

图2-1　玄关设计一

2. 把自己最喜欢的情调放进来

玄关，是你一进家门首先看到的空间，其格调的高低直接影响对家的心情。为了一进门就有个好心情，不妨把最喜欢的小工艺品之类的东西放进来。比如，一个充满生机的鱼缸，可以为你带走一天的疲惫；一个花瓶以及花瓶上常换常新的花，是你和四季对话的平台……总之，个性化的玄关，会让你找到这个星球上属于你的坐标（图2-2）。

图2-2　玄关设计二

此外，还可以在玄关与客厅或卫生间分界处，设计一套屏风或玻璃隔断，既保证了玄关的完整性，又减弱了空间的封闭感。

（三）玄关设计的六大要素

1. 玄关吊顶的设置

玄关的顶棚一般要考虑与地面的呼应关系，从二者的形状、位置方面，作一一呼应，从而进一步强化空间特征。因玄关一般属于非绝对隔断空间，那么在顶棚造型设计上，一般要考虑做成完整交圈的设计，目的是在开敞中求独立（图2-3）。

图2-3　玄关设计三

（1）吊顶宜高不宜低。玄关处的吊顶若是太低，会给人压迫感；吊顶高，则玄关空气流通较为舒畅，对住宅的气运也大有裨益。

吊顶色调宜轻不宜重：玄关吊顶上的颜色不宜太深，如果吊顶的颜色比地板深，便形成上重下轻、天翻地覆的格局；而吊顶的颜色较地板的颜色浅，上轻下重，这才是正常之现象。

（2）吊顶灯具宜方圆忌三角。玄关顶上的灯饰排列，宜圆宜方却不宜三角形。有人喜欢把数盏筒灯或射灯安装在玄关顶上来照明，这是不错的布置，但如把三盏灯布成三角形，那便会弄巧成拙。倘若排列成方形或圆形，则不成问题，因圆形象征团圆，而方形则象征方正平稳。

2. 地板的铺设

玄关地面的造型设计，一定要与玄关的天花相协调（图2-4）。玄关的地面通常是家中摩擦最频繁的部分，因此，在选择玄关地面材料的时候，要考虑其坚固、耐磨、易打理的特性，通常，大理石或地砖是不错的选择。如果一定要和客厅等部位协调而使用地板，也要尽量在上面铺上一块地毯，以保护玄关部位的地面完好。

图2-4　玄关设计四

（1）玄关的地板宜平整。地板平整可令室内外空间畅顺，而且也可避免失足摔跤。同时，玄关的地板宜尽量保持水平，不应有高低上下之分。

（2）地板颜色宜较深沉。深色象征厚重，地板色深象征根基深厚。如要求明亮一些，则可用深色石料四周包边，而中间部分采用较浅色的石材。如若选择在玄关铺地毯，宜选用四边颜色较深而中间颜色较浅的地毯。

（3）玄关地板的图案忌有尖角冲门。地板的图案花样繁多，但均应选择寓意吉祥的内容，避免选用那些多尖角的图案。

（4）玄关地板的木纹不宜直冲大门。木地板，不论何种木料，其排列均应将木纹斜向屋内，似流水斜流入屋。

（5）地板忌太光滑。有些人家为了美化玄关，往往会把玄关的地板打磨得十分光滑，这极易弄巧成拙，单从家居安全角度来说就不理想，因为家人或宾客容易滑倒受伤。

3. 玄关墙壁的间格

通常，玄关墙面色调与造型是最先闯进人的视线的东西，也是最能给人产生心理联想的地方。所以，在考虑玄关墙面设计的时候，由于玄关一般都不太大，一定要注意其单纯与明确的风格定位，不要把复杂的设计带进玄关墙面。如果是别墅之类的大房子的大玄关，当然

可以不受此限制。

（1）墙壁间格应下实上虚。面对大门的玄关，下半部宜以实墙作为根基，扎实稳重，而上半部则可用玻璃来装饰，以通透而不漏最理想（图2-5），但不宜使用镜面玻璃。

图2-5　玄关设计五

（2）墙壁颜色须深浅适中。玄关的墙壁的间格无论是木板、墙砖或是石材，选用的颜色均不宜太深，以免令玄关看来暮气沉沉，没有活力。而最理想的颜色组合是，位于顶部的吊顶颜色最浅，位于底部的地板颜色最深，而位于中间的墙壁颜色则介于这两者之间，作为上下的调和与过渡。

（3）墙壁间格宜平滑。玄关是住宅进出的主要通道，墙壁及地板平滑则气流畅通无阻。

4. 玄关灯光设计

玄关通常自然光线不是很好，因此，利用合理的人工灯光打造一个明快的玄关空间，是至关重要的。一般来讲，玄关不适合单设吊灯（别墅玄关除外），通常

以吸顶灯为主，在配置些射灯、壁灯、反光灯槽等作辅助光源。要注意的是，玄关的灯源一定要主次分明（图2-6）。

图 2-6　玄关设计六

图 2-7　玄关设计七

5. 设置衣帽柜

衣帽柜当然自不必说是玄关的重要家具了，它通常是必不可少的玄关家具。例如，房主每天回家顺手放下皮包、伞，每天要更换外套与睡衣，在玄关处解决这些问题，无疑比到卧室等空间更方便。现代人都更加注重个人卫生，进门换衣、换鞋，可以尽量不把外面的污染带进客厅、卧室。一般来讲，衣帽柜的颜色要与玄关的整体颜色尽量一致，才不会使其显得过于突兀。

其他如条案、边桌、低柜等，通常也是玄关不错的家具选择。这些家具或重收纳或重展示。因玄关空间的局限性，在玄关放置的家具一定不要影响行走的方便（图 2-7）。

6. 设置鞋柜

玄关处设置鞋柜，是生活需要，顺理成章的事。而且"鞋"与"谐"同音，有和谐、好合之意，并且鞋必是成双成对，这是很有意义的，家庭最需要和谐好合，因此入门见鞋很吉利。但虽然如此，在玄关设置鞋柜仍有一些方面需要注意。

鞋柜不宜太高大：鞋柜的高度不宜超过户主身高，若是超过这尺度便不妥。鞋柜高度应是墙面高度的 1/3，或户主身高的一半为宜。鞋柜的面积宜小不宜大，宜矮不宜高（图 2-8）。

鞋子宜藏不宜露：鞋柜宜有门，倘若鞋子乱七八糟地堆放而又无门遮掩，便十分有碍观瞻。有些在玄关布置巧妙鞋柜很典雅自然，因为有门遮掩，所以从外边看，一点也看不出它是鞋柜，这才符合归藏隐秘之道。

鞋柜应设法减少异味，否则异味若向四周扩散，则根本无美好家居可言。

7. 玄关的陈设

玄关的审美通常比功能更重要一些，在这点上，和家居中的其他空间有所差别。所以，玄关一般要放置一些具有艺术个性的装饰品（图2-9）。要注意的是，玄关的装饰品从风格、体裁乃至工艺上，都要求尽量统一，不要出现杂乱无章的装饰品配置。

图2-8 玄关设计八

图2-9 玄关设计九

四、项目检查表

<table>
<tr><td colspan="5" align="center">项目检查表</td></tr>
<tr><td align="center">实践项目</td><td colspan="4" align="center">玄关、客厅（起居室）设计项目</td></tr>
<tr><td align="center">子项目</td><td align="center">玄关设计</td><td align="center">工作任务</td><td colspan="2" align="center">制作方案草图、施工图、电脑效果图</td></tr>
<tr><td align="center">检查学时</td><td colspan="4" align="center">0.5 学时</td></tr>
<tr><td align="center">序号</td><td align="center">检查项目</td><td align="center">检查标准</td><td align="center">组内互查</td><td align="center">教师检查</td></tr>
<tr><td align="center">1</td><td align="center">手绘方案草图</td><td align="center">方案创意性、手绘准确性</td><td></td><td></td></tr>
<tr><td align="center">2</td><td align="center">电脑施工图</td><td>尺寸是否准确、是否符合制图规范、工艺是否准确</td><td></td><td></td></tr>
<tr><td align="center">3</td><td align="center">电脑效果图</td><td align="center">空间表现效果、方案创意</td><td></td><td></td></tr>
<tr><td rowspan="3" align="center">检查评价</td><td align="center">班　级</td><td></td><td align="center">第　　组</td><td align="center">组长签字</td></tr>
<tr><td align="center">教师签字</td><td></td><td align="center">日　期</td><td></td></tr>
<tr><td colspan="4">评语：</td></tr>
</table>

五、项目评价表

项目评价表						
实践项目		玄关、客厅（起居室）设计项目				
子项目	玄关设计		工作任务		制作方案草图、施工图、电脑效果图	
评价学时			1 学时			
考核项目	考核内容及要求		分值	学生自评（10%）	小组评分（20%）	教师评分（70%）	实得分
设计方案	方案合理性、创新性、完整性		50				
方案表达	设计理念表达		15				
完成时间	3课时时间内完成，每超时5min扣1分		15				
小组合作	能够独立完成任务得满分		20				
	在组内成员帮助下完成得15分						
总分			100				
项目评价	班　级				姓　名		学号	
	教师签字				第　组	组长签字		
	评语：						
	日　期						

六、项目总结

整理调研结果，对空间草图进行规划，结合观察到的施工工艺，绘制住宅室内的天棚平面图、立面图、剖面图、节点详图等需要了解施工工艺的图纸，做出详细的尺寸标注和材料注释，并附带方案的设计说明，最终完成住宅客厅设计方案图纸。以上实践课程的内容是根据实际设计流程来进行，当学生对具体的施工工艺不了解时，需及时返回施工现场观摩，结合具体操作能加深理解。

七、项目实训

（一）设计范围

（1）项目名称：起居室（客厅）设计。

（2）设计区域：玄关（门厅）、起居室（客厅）。

（3）设计面积：40m²。

（二）设计内容

具体内容为室内装饰方案设计、装饰施工图设计、灯具造型搭配、电器造型搭配、家具及陈设品设计。

（三）设计阶段及提交成果的深度要求

1. 概念设计阶段

（1）概念设计提交成果：概念设计展示板或图册。

1）概念设计构思说明深度要求：设计主题阐述以文字说明的形式出现，主要包括：设计师对本项目的理解及建议，详细表明如何利用各种设计手法满足投资者、使用者的要求和满足国家及地方的有关政策要求。

2）平面布置图深度要求：根据甲方提出的使用要求，对各功能分区、满足功能要求的设施设备、交通流线的组织做出初步规划。

（2）所有图纸文件均需提供A3幅面彩色图册3套，及相应的AutoCAD 2004版本。

（3）甲方书面认可后，方可认为该阶段工作完成。

2.方案（深化）设计阶段

（1）方案（深化）设计阶段提交成果。

1）平面布置图深度要求：各功能区域的名称、使用面积、地面材质、家具布置。

2）交通流线组织图深度要求：主要动线、次要动线。

3）主要景观分析图深度要求：室内朝向面对的主要景观面，周边景观环境的分析。

4）家具布置图深度要求：包括所有固定及活动家具的平面布置。

5）天花布置图深度要求：包括电灯开关位置、灯具位置及检修口的布局规划。

6）电气布局平面图深度要求：包括电器设备插座位置、电视电话宽带设置的布局规划。

7）地面材质图深度要求：包括地面面饰材料。

8）效果图。

a.户内包括客厅、起居室、玄关，需反映出主要空间立面，每个户型3张以上，优先度排序为：玄关→客厅（起居室）。

b.公共空间不同区域均需出效果图，反映出整体效果及主要立面，玄关要有主立面视角和入口视角。

c.其他可根据项目实际情况另行商定。

9）材料清单及实物样板。材料清单中需列明内容：①材料编号；②品种名称；③规格（长度、宽度、厚度）；④产地；⑤使用部位；⑥用量（m²）；⑦建议供应商信息（所建议供应商如为独家厂商，乙方应确保其材料供应、价格要符合甲方施工工期和成本造价的控制要求）；⑧备注（地毯颜色、花纹、材质等信息；石材的表面处理；墙纸的肌理等）。

实物样板要求用A1幅面KT板制作，其上粘贴材料实样，包括：①石材（300mm×300mm，周边磨5mm、宽45°斜边）；②瓷砖（300mm×300mm，周边磨5mm、宽45°斜边）；③饰面板（300mm×300mm）；④地毯（方块毯：实际规格，卷毯：600mm×600mm，局部具有代表性图案和颜色，工艺毯：600mm×600mm，局部同时附整幅地毯图案的A3幅面彩色图片）；⑤墙纸（600mm×600mm，局部具有代表性图案和颜色）。

（2）经甲方及相关顾问书面认可后方可认为该阶段工作完成。

3.施工图设计阶段

（1）装饰施工图提交成果。

1）图纸封面深度要求：包括项目名称、图纸名称、编制时间。

2）图纸目录深度要求：包括图纸编号、图纸名称、图纸张号、图幅。

3）施工图设计说明深度要求：有关设计依据、设计规范、主要施工做法的说明。

4）材料明细表深度要求：包括材料编号、使用部位、主要规格等。

5）平面布置图深度要求：包括平面布局、家居布置、地面材质、地面高差。

6）天花布置图深度要求：包括天花造型、窗帘盒、灯具排布、尺寸标注同平面布置图。

7）门窗表及门窗详图深度要求：包括门窗的内外立面、剖面、节点大样。

（2）材料/部品选型设计提交成果。

1）柜及电器选型设计图册深度要求：含品牌、型号、规格尺寸、材质、技术参数、供应商信息、价格信息。

2）灯具选型设计图册深度要求：含品牌、型号、规格尺寸、材质、技术参数、供应商信息、价格信息。

3）家具及陈设品设计提交成果。

家具及陈设品设计图册深度要求：内容包括活动家具、工艺灯具、装饰陈设品等，需提供布置图、意念图片和规格尺寸图或加工图（活动家具、工艺灯具）。

4）材料/部品选型设计需各提供A3幅面彩色图册3套；材料清单提供3份，实材料/部品选型物样板1套。

（3）经甲方及相关顾问书面认可后方可认为该阶段工作完成施工服务阶段。

子项目2 客厅（起居室）设计专项

一、学习目标

（一）知识目标

（1）了解普通住宅客厅（起居室）的设计方法。

（2）利用图式思维在设计方案阶段完成设计构思。

（3）掌握正确的设计成果表达方法。

（4）学会常见室内设计材料的使用方法。

（5）掌握客厅（起居室）配色设计方法。

（6）熟悉常用装修材料的构造做法。

（二）能力目标

通过理论教学与住宅空间设计的实践，了解普通住宅客厅（起居室）空间的设计方法，学会如何针对客户要求进行市场调研，使学生获得自主设计能力。在将知识融会贯通的过程中，达到通过客户调研和合理构思独立完成设计方案以及策划的能力。

（三）素质目标

通过完整的项目实施过程，培养学生调研和沟通能力、团队合作能力及独立创作构思能力。

二、项目实施步骤

（一）项目调研

1. 住宅的室内环境

由于空间的结构划分已经确定，在界面处理、家具设置之前，除了厨房和浴厕（由于有固定安装的管道和设施，它们的位置已经确定），需对其余房间的使用功能，或一个房间内功能地位的划分进行调研，需要以住宅内部的方便合理为依据。

调研要点：客厅的功能为休息、饮食、会客、视听、娱乐、家庭团聚、学习、工作等。

静——休息、饮食、会客、学习、工作。

闹——视听、娱乐、家庭团聚。

2. 风格造型通盘构思

客厅设计风格和造型特征是需要从整体考虑的，考虑其形式和风格，考虑文化背景，家庭人口构成等。

调研要点：考虑其家庭的职业特点，艺术爱好，人口组成，经济条件和业余活动等；考虑客厅设计的风格——如富有时代气息的现代风格，显示文化内涵的传统风格，返璞归真的自然风格，不拘一格融中西于一体的艺术风格。

（二）策划设计方案

搜集业主信息及户型详情，考察真实客厅装饰工程现场，测量住宅室内空间的数据，画出室内平面的草图，标明详细的尺寸，作为进行任务实施的依据。

（1）根据对设计项目的调研，有针对性地对空间特征与功能分析。

（2）明确设计任务和要求。

（3）填写业主要求意向表。

（4）沟通初步设计的意向对空间、风格定位的类型。

（三）方案草图设计

通过现场的考察，进行方案设计。玄关、客厅以及它们之间的过渡空间的设计，并绘出手绘方案草图。这个阶段，现场指导学生了解不同空间的特点和设计方法，并要求学生首先画出住宅平面布置草图，包括室内空间格局的更改、家具的布置、室内动线的安排等，并根据平面布置草图手绘各空间的方案草图。

（四）电脑施工图绘制

布置作业，学生在机房用 AutoCAD 软件绘制正式的平面布置图。

（五）电脑效果图绘制

完成施工图的基础上，明确各个立面与平面的功能布局，装饰材料使用，灯具位置后进行室内效果图制作。

三、知识链接

（一）客厅功能性设计与位置分析

客厅是住宅空间中的最主要的空间，是家庭成员逗留时间最长的活动空间，也是集中表现家庭物质生活水平和精神风貌的个性空间，因此客厅应是住宅空间环境中设计与装饰的重点。在设计时为保证家庭成员各种活动需要，应将自然条件、现有住宅因素以及环境设施等人为因素加以综合考虑和充分的利用。人为因素方面，如合理的照明方式，良好的隔声处理，适宜温度，适宜的贮藏和舒适的家具等。客厅的设置应尽量安排在周围景观效果较好的方位上，利用充足的自然光，并且可以观赏周围的美景，既可以节约能源又使客厅视觉与空间效果都得以很好的提升（图2-10、图2-11）。

图2-10　客厅设计一

图2-11　客厅设计二

客厅是家庭成员及外来客人共同活动的空间，在空间条件允许下可采取多用途的设计方式，合理的把会谈、音乐、阅读、娱乐等各功能区划分开，同时尽量减少不必要的家具，增加活动空间多边性。

（二）客厅应满足的功能

客厅中的活动多种多样的，所以其功能是综合的。总的来讲，客厅的主要活动内容包括：家庭团聚、视听活动、会客、接待。家庭团聚是客厅主体的核心功能，通过家具或者陈设品的围合，形成适宜交流沟通的家庭内部公共空间，位置一般位于客厅的几何中心处，西方客厅则往往以壁炉为中心展开布置。工作之余，一家人围坐一起，形成一种亲切而热烈的氛围。客厅兼具用餐、睡眠、学习、阅读等功能。这种兼具功能在户型较小的居室中心显得更为突出（图2-12）。

图2-12　客厅设计三

（三）客厅的设计原则与注意问题

1.客厅的布局形式

（1）客厅应主次分明。客厅是一个家庭的核心，同时可以兼容多种性质的行为，区分成若干空间。在众多的功能性划分之中必须有一个主要功能性区域，从而形成客厅空间核心。通常以视听、会客、聚谈区域为主体，辅以其他区域，形成主次分明的空间布局。而视听、会客、聚谈区的形成往往以一组沙发、坐椅、茶几、电视柜围合形成，又可以用装饰地毯、天花、造型以及灯具来呼应，达到强化中心感的效果（图2-13）。

（2）客厅交通动线要避免斜穿。客厅是住宅的中心，联系住宅各房间的"交通枢纽"。其交通流线问题关系着如何合理的利用和划分客厅。一是对原有建筑格局进行重新设置，如针对分散的不同房间的门，尽量使其集中；二是利用家具和陈设品，根据客户的需要而巧妙

图2-13 客厅设计四

图2-15 客厅设计六

围合、分割空间，以保持各自小功能区空间的完整性。

（3）客厅空间的相对隐蔽性。客厅是家人休闲的重要场所，在设计中应尽量避免由于客厅直接与户门或楼梯间相连而造成生活上的不便，破坏住宅的"私密性"和客厅的"安全感"。设计时宜采取一定措施，对客厅与户门之间做必要的视线分隔（图2-14）。

图2-14 客厅设计五

（4）客厅的通风防尘。通风是建筑必不可少的物理因素之一，良好的通风可使室内环境洁净、清新，有益健康。通风又有自然通风与机械通风之分。在设计中要注意切不要因为不合理的隔断而影响自然通风，也要注意不要因为不合理的家具布局而影响机械通风。而防尘是居室内的另一物理因素，住宅中的客厅常直接联系户门，具有玄关的功能，同样，又直接联系卧室起过道作用，因此要做好防尘的工作（图2-15）。

（5）靠窗座位。现代户型设计为了引入更多的室外阳光采用突出外墙平面的飘窗，在室内设计时遇到这个问题会设置一个靠窗座位，让使用者可以更多地坐在窗口与大自然接触，以便更有效的利用自然光。

2. 客厅的空间界面设计

（1）顶棚设计。由于中方现代住宅平层高较低，客厅一般不宜全部吊顶，只是按功能或风格需要做局部造型。而西方住宅层高较高，有些会在室内放置中央空调从而降低了层高，所以在顶棚造型上偏于简约；而对于有些过高层高的顶棚，设计时会根据房间的整体风格进行造型。

（2）地面设计。地面首先从材料的选择上可以是地砖、木地板、天然石材或水磨石。使用时应根据需要，对材料、色彩、质感等因素进行合理地选择，使之和室内整体风格相协调（图2-16）。

图2-16 客厅设计七

（3）墙面设计。墙面造型是客厅乃至整套居室的关键所在。在进行墙面设计时，设计师要把握一定的原则，即从整体风格出发，在充分了解主人性格、品位、爱好等基础上，结合客厅自身特点进行设计。

3. 客厅的陈设设计

室内设计是由空间环境、装修构造、装饰陈设三大部分构成的一个整体概念。装饰陈设设计是不可缺少的一个方面。随着社会的发展，人们对居室装修有了更高意义上的认识，有专家提出了"轻装修，重装饰"的观点。不管怎样，陈设作为空间设计的一个重要方面早已深入人心（图2-17）。

图2-17 客厅设计八

（1）家具的陈设布置。客厅的家具应以低矮水平的家具布置和浅淡明快的色调为主，使之有扩大空间的感觉。客厅的视觉中心往往集中在视听家具上，它直接影响着客厅的风格和个性，为此，视听家具的造型感要强，摆放的位置要适当。客厅的家具陈设，可按不同风格做对称、非对称布置或用曲线形、自由组合形的自由式布置。

（2）电器陈设。电器主要指电视、音响和冰箱。其中电视摆放与收视区之间要保持一定的距离，一般认为看电视距离应为电视荧光屏对角线长度的5倍。电视机的高度应与视平线度相适应，一般以荧光屏中心低于视平线15°为宜。过低过高会导致观者颈部不适而疲劳。

（3）饰品陈设。饰品陈设属于纯粹视觉上的要求，没有实用的功能，其作用在于充实空间，丰富视觉。常见有字画、工艺品、古玩、书籍、钟表等（图2-18）。

（4）客厅的色彩。客厅是家中最公开的部分，家人、朋友、访客都聚集于此。因此，客厅中所使用色彩应为多数人所接受，色调应明快、大方，充满温馨，避免使用个性极端的色彩。

（5）客厅的照明设计。客厅是住宅中的多功能房

图2-18 客厅设计九

间，是集中表现家庭物质生活水平、精神风貌的个性空间，因此它应具有良好的有一定特色的光照环境。在设计时，应根据不同的活动，设置不同的照明设施，并适当分组，分别控制，以便创造出不同的情调和气氛。

1）整体照明。人们在客厅停留的时间较长，并多为休闲之用，故整体照明光源不宜昏暗，且需接近日光色，要使整个房间在一定程度上明亮起来。可在房间顶棚中间设置扩散型或宽配光的直接、半直接型吊灯或吸顶灯来强调空间的统一性和中心感（图2-19）。

2）会客照明。亲朋好友的聚会是客厅的主要活动之一，它通常是在沙发、茶几组成的小区域里进行。可在沙发附近设置落地灯、台灯，灯上配上具有光扩散能力的灯罩，形成垂直的发光面，以便交谈者相互能很好地看清对方的脸部表情。但需注意控制灯罩的亮度（可用灯泡功率或灯罩的透光性能来达到），使之不致形成眩光，妨碍交谈。

3）阅读照明。阅读常在会客区的沙发上进行，它要求在报刊、杂志等视看对象上有相当高的照度，同时还应注意与周围不能形成过大的亮度比。落地灯或台灯是一种有效的阅读照明方式，为阅读提供舒适而柔和的照明。

4）看电视照明。对于看电视来说，既要求整个室内光线变暗，但又不能把灯全部关闭，否则眼睛容易疲劳。电视屏幕亮度约超过200cd/m²，电视屏幕亮度与周围背景亮度的理想对比是10∶1，这就要求电视屏幕周围的亮度达20cd/m²左右。但应注意避免屏幕上出现光源的映像。

5）强调照明。人们在客厅内常摆设一些艺术品，如绘画、雕刻、壁挂等，应对它们进行专门的强调照明。强调照明要求照度高，一般应比周围亮3倍以上。要选择显色指数高，能还原被照对象真实色彩的光源（有特殊要求的例外）。强调照明的光源不能产生眩光，以免干扰室内的其他活动。

（四）客厅和起居室的区别

起居室从词义上指从事日常起居活动的空间，如看报纸欣赏音乐等，起居室也具有会客的空间属性，并且更生活化，更具有家庭成员使用的特殊性，在设计风格上追求自然、轻松、随意的特点。而客厅主要用于会见家庭成员以外的人群，客厅往往体现了一个家庭的整体的风貌和主人的品位，在设计上主要体现为整洁、大方得体的特点。而在我国当前的居住水平，一般将客厅与起居室合二为一，起居室兼客厅是具备上述两种空间的功能。

图2-19　客厅设计十

四、项目检查表

项目检查表				
实践项目		玄关、客厅起居室设计项目		
子项目	客厅起居室设计	工作任务		客厅起居室空间规划设计
检查学时		0.5 学时		
序号	检查项目	检查标准	组内互查	教师检查
1	手绘方案草图	是否详细、准确		
2	电脑施工图	是否齐全		
3	电脑效果图	是否合理		
检查评价	班　级		第　　组	组长签字	
	教师签字		日　期		
	评语：				

五、项目评价表

项目评价表						
实践项目		玄关、客厅起居室设计项目				
子项目	客厅起居室设计	工作任务		客厅起居室空间规划设计		
评价学时		1 学时				
考核项目	考核内容及要求	分值	学生自评（10%）	小组评分（20%）	教师评分（70%）	实得分
设计方案	方案合理性、创新性、完整性	50				
方案表达	设计理念表达	15				
完成时间	3 课时时间内完成，每超时 5min 扣 1 分	15				
小组合作	能够独立完成任务得满分	20				
	在组内成员帮助下完成得 15 分					
总分		100				
项目评价	班　级		姓　名		学号	
	教师签字		第　　组	组长签字		
	评语：					
	日　期					

六、项目总结

整理调研结果，对空间草图进行规划，结合观察到的施工工艺，绘制住宅室内的天棚平面图、立面图、剖面图、节点、详图等需要了解施工工艺的图纸，作出详细的尺寸标注和材料注释，并附带方案的设计说明，最终完成住宅客厅设计方案图纸。以上实践课程的内容是根据实际设计流程来进行，当学生对具体的施工工艺不了解时，应及时返回施工现场观摩，结合具体操作能加深理解。

七、项目实训

（一）实训内容

（1）项目名称：客厅（起居室）设计。

（2）设计区域：客厅、起居室。

（3）设计面积：40m²。

（二）实训总体要求

为客厅（起居室）进行装饰方案设计、装饰施工图设计、灯具造型搭配、电器造型搭配、家具及陈设品设计。

（三）实训进度计划

1.概念设计阶段

（1）概念设计提交成果：概念设计展示板或图册。

1）概念设计构思说明深度要求：设计主题阐述以文字说明的形式出现，主要包括设计师对本项目的理解及建议，详细表明如何利用各种设计手法满足使用者的要求和满足国家及地方的有关政策要求。

2）平面布置图深度要求：根据甲方提出的使用要求，对各功能分区、满足功能要求的设施设备、交通流线的组织做出初步规划。

（2）所有图纸文件均需提供 A3 幅面彩色图册 3 套，及相应的 AutoCAD 2004 版本。

（3）甲方书面认可后，方可认为该阶段工作完成。

2.方案（深化）设计阶段

（1）方案（深化）设计阶段提交成果。

1）平面布置图深度要求：各功能区域的名称、使用面积、地面材质、家具布置。

2）交通流线组织图深度要求：主要动线、次要动线。

3）主要景观分析图深度要求：室内朝向面对的主要景观面，周边景观环境的分析。

4）家具布置图深度要求：包括所有固定及活动家具的平面布置。

5）天花布置图深度要求：包括电灯开关位置、灯具位置及检修口的布局规划。

6）电气布局平面图深度要求：包括电器设备插座位置、电视电话宽带设置的布局规划。

7）地面材质图深度要求：包括地面面饰材料。

8）效果图。

a. 户内包括客厅、起居室、玄关，需反映出主要空间立面，每个户型 3 张以上，优先度排序为：玄关→客厅（起居室）。

b. 公共空间不同区域均需出效果图，反映出整体效果及主要立面，玄关要有主立面视角和入口视角。

c. 其他可根据项目实际情况另行商定。

9）材料清单及实物样板。材料清单中需列明内容：材料编号、品种名称、规格（长度、宽度、厚度）、产地、使用部位、用量（m²）、建议供应商信息（所建议供应商如为独家厂商，乙方应确保其材料供应、价格要符合甲方施工工期和成本造价的控制要求）、备注（地毯颜色、花纹、材质等信息；石材的表面处理；墙纸的肌理等）。

实物样板要求用 A1 幅面 KT 板制作，其上粘贴材料实样：石材（300mm×300mm，周边磨 5mm、宽 45°斜边）、瓷砖（300mm×300mm，周边磨 5mm、宽 45°斜边）、饰面板（300mm×300mm）、地毯（方块毯：实际规格；卷毯：600mm×600mm 局部，具有代表性图案和颜色；工艺毯：600mm×600mm 局部，同时附整幅地毯图案的 A3 幅面彩色图片）、墙纸（600mm×600mm 局部，具有代表性图案和颜色）。

（2）经甲方及相关顾问书面认可后方可认为该阶段工作完成。

3.施工图设计阶段

（1）装饰施工图提交成果。

1）图纸封面深度要求：包括项目名称、图纸名称、编制时间。

2）图纸目录深度要求：包括图纸编号、图纸名称、图纸张号、图幅。

3）施工图设计说明深度要求：有关设计依据、设计规范、主要施工做法的说明。

4）材料明细表深度要求：包括材料编号、使用部位、主要规格等。

5）平面布置图深度要求：包括平面布局、家居布置、地面材质、地面高差。

6）天花布置图深度要求：包括天花造型、窗帘盒、灯具排布、尺寸标注同平面布置图。

7）门窗表及门窗详图深度要求：包括门窗的内外立面、剖面、节点大样。

（2）材料/部品选型设计提交成果。

1）柜及电器选型设计图册深度要求：含品牌、型号、规格尺寸、材质、技术参数、供应商信息、价格信息。

2）灯具选型设计图册深度要求：含品牌、型号、规格尺寸、材质、技术参数、供应商信息、价格信息。

3）家具及陈设品设计提交成果。

家具及陈设品设计图册深度要求：内容包括活动家具、工艺灯具、装饰陈设品等，需提供布置图、意念图片和规格尺寸图或加工图（活动家具、工艺灯具）。

4）材料/部品选型设计需各提供A3幅面彩色图册3套；材料清单提供3份，实材料/部品选型物样板1套。

（3）经甲方及相关顾问书面认可后方可认为该阶段工作完成施工服务阶段。

项目三 卧室、书房（工作室）设计专项

子项目1 卧室设计专项

一、学习目标

（一）知识目标

（1）了解普通住宅卧室空间设计方法。

（2）利用图式思维在设计方案阶段完成设计构思。

（3）掌握正确的设计成果表达方法。

（4）掌握卧室空间中使用功能和扩展功能的设计要点。

（5）掌握卧室空间色彩搭配的设计方法。

（6）熟悉常用装修材料的构造作法。

（二）能力目标

通过理论教学与住宅空间设计的实践，了解普通住宅卧室空间的设计方法，以室内设计原理为基础，设计概念的初步建立为主线，培养学生树立正确的设计思想，使学生获得自主设计能力。在将知识融会贯通的过程中，达到通过客户调研和合理构思独立完成设计方案以及策划的能力。

（三）素质目标

通过完整的项目实施过程，培养学生调研和沟通能力、团队合作能力及独立创作构思能力。

二、项目实施步骤

（一）项目调研

（1）卧室的基本功能区域划分调研。

（2）卧室家具如何恰当的艺术的放置空间，并调研室外对室内的影响。

（3）卧室色调比较分析，卧室空间大小对家具设置的影响。

（二）策划设计方案

（1）搜集业主、户型信息。考察真实卧室装饰工程现场，测量住宅室内空间的数据，画出主卧、儿童房、老人房、客卧的平面草图，标明详细的尺寸，作为进行任务实施的依据。

（2）根据对设计项目的调研，有针对性地对每个空间特征与功能分析。明确设计任务和要求，填写业主要求意向表，沟通初步设计的意向及对空间、风格定位的类型。

（三）方案草图设计

方案草图设计包括卧室以及它们之间的过渡空间的设计，并绘出手绘方案草图。指导学生了解不同空间的特点和设计方法，并要求学生首先画出住宅卧室平面布置草图，包括卧室空间格局的更改、家具的布置、室内动线的安排等，并根据平面布置草图手绘各空间的方案草图。

（四）电脑施工图绘制

学生在机房用CAD软件绘制正式的平面布置图。

（五）电脑效果图绘制

利用3ds Max绘制主要空间的效果图。

三、知识链接

可以说人的生命至少有1/3时间是在卧室中度过的，相对而言，人们在卧室内滞留的时间最长，寝卧生活是人类生存和发展的重要基础。卧室的主要功能是睡眠和休息，并兼更衣、化妆和衣物存放和储藏等功能。睡眠休息是人的生理需要，科学的睡眠休息不但有利于人的身体健康，还是人们学习、工作等其他活动的精力和体力的保证。因此，创造舒适、优美的卧室空间环境，有利于提高家庭生活质量和情趣（图3-1）。

图 3-1　卧室设计一

（一）卧室设计原则

卧室的空间大小以人所占空间的比例和人就寝的心理与习惯而定，要求尺度适中。尺度过大，显得空旷；尺度过小，显得压抑。根据卧室的功能。卧室空间可分为睡眠休息区、更衣化妆区和衣物存放区。如若空间尺度允许，还可增设辅助休息区（图3-2）。

图 3-2　卧室设计二

1.睡眠休息区

根据卧室主要功能特点，在该空间中床成为主要的设计对象，它在空间中所占的位置既要保证使用合理，又不能过于浪费空间，这主要是考虑人在床周围的活动，方便于上下床，穿衣和脱衣，整理床上用品和打扫卫生等（图3-3）。

图 3-3　卧室设计三

睡眠家具按尺寸分为：

（1）Twin-Size：常常用于指单人床，尺寸约为：1890mm×960mm。

（2）Full-Size：比Twin-Size稍大一些，适合高大的个人或身材适中双人使用。尺寸约为：1910mm×1370mm。

（3）Queen-Size：就是双人床，一般夫妻选这种就可以了。尺寸约为：2030mm×1520mm（图3-4）。

图 3-4　卧室设计四

（4）King-Size：十分宽大，可供身材高大或体型偏肥胖的夫妻选用。尺寸约为：2030mm×1930mm。

2. 更衣化妆区

更衣化妆区主要家具是梳妆镜、台、凳，它们所占空间的大小决定了该区的空间尺度（化妆区也可设在洗手间内），更衣区可兼作其他区域及剩余空间。

3. 衣物存放区

该区范围包括衣橱，衣柜的大小及其门和抽屉开启的最大尺寸，人体取存衣物动作的基本尺寸。

4. 辅助休息区

若卧室的空间充足，设置辅助的休息区是非常有必要的，特别是供夫妻使用的双人主卧室，休息区的大小由椅、桌的尺寸和在此活动的内容而定。

5. 书写阅读区

在卧室户型空间充足的情况下，可以根据使用者的需要设置一些更为私密性的阅读学习区。

（二）卧室室内设计要点

（1）卧室属静谧空间，是私人活动的场所。为了满足安全感和私密性的要求，室内空间应采用绝对分隔，同时考虑隔音效果（图3-5）。

图3-5 卧室设计五

（2）卧室应具备良好的直接采光，自然通风，适宜的温度和湿度，并具有可调措施，以保证室内基本的卫生条件，提高卧室空间环境质量。

（3）卧室的照明应采用能够柔化及温馨室内气氛的光源，睡眠休息区的照明应考虑调控装置，以变换光源的照度和方向，保证睡眠质量（图3-6）。

图3-6 卧室设计六

（4）室内设计的造型因素（形、色、质）均不宜过于夸张或刺激，也不能过于单调和平庸，要注重统一，和谐的共性，并创造具有实际意义的独立个性。

（5）老人或儿童卧室要结合使用者的年龄和性格的心理特征来设计，儿童房设计要注意设计游戏区（图3-7、图3-8）。

图3-7 卧室设计七

图3-8 卧室设计八

四、项目检查表

项目检查表				
实践项目		卧室、书房（工作室）设计项目		
子项目	卧室设计专项	工作任务		卧室设计专项
检查学时		0.5学时		
序号	检查项目	检查标准	组内互查	教师检查
1	手绘方案草图	是否详细、准确		
2	电脑施工图	是否齐全		
3	电脑效果图	是否合理		
检查评价	班　级		第　　组	组长签字
	教师签字		日　　期	
	评语：			

五、项目评价表

项目评价表						
实践项目		卧室、书房（工作室）设计项目				
子项目	卧室设计专项	工作任务		卧室设计专项		
评价学时		1学时				
考核项目	考核内容及要求	分值	学生自评（10%）	小组评分（20%）	教师评分（70%）	实得分
设计方案	方案合理性、创新性、完整性	50				
方案表达	设计理念表达	15				
完成时间	3课时时间内完成，每超时5min扣1分	15				
小组合作	能够独立完成任务得满分	20				
	在组内成员帮助下完成得15分					
总分		100				
项目评价	班　级		姓　　名		学号	
	教师签字		第　　组	组长签字		
	评语：					
	日　　期					

六、项目总结

整理调研结果，对卧室空间进行草图规划，结合观察到的施工工艺，绘制住宅室内的天棚平面图、立面图、剖面图、节点详图等需要了解施工工艺的图纸，做出详细的尺寸标注和材料注释，并附带方案的设计说明，最终完成住宅卧室设计方案图纸。以上实践课程的内容是根据实际设计流程来进行，当学生对具体的施工工艺不了解时，应及时返回施工现场观摩，结合具体操作能加深理解。

七、项目实训

（一）实训内容

（1）项目名称：卧室设计。

（2）设计区域：主卧、客卧、儿童房、老人房。

（3）设计面积：20 ~ 30m²。

（二）实训总体要求

为卧室空间进行装饰方案设计、装饰施工图设计、灯具造型搭配、电器造型搭配、家具及陈设品设计。

（三）实训进度计划

1. 概念设计阶段

（1）概念设计提交成果：概念设计展示板或图册。

1）概念设计构思说明深度要求：以文字说明的形式出现。设计主题阐述设计师对本项目的理解及建议，详细表明如何利用各种设计手法满足投资者、使用者的要求和满足国家及地方的有关政策要求。

2）平面布置图深度要求：根据甲方提出的使用要求，对各功能分区、满足功能要求的设施设备、交通流线的组织做出的初步规划。

3）装饰风格意向图片深度要求：用以阐述设计师对卧室项目装饰设计方向性把控的图片集合，包括装饰构件、家具、工艺灯具、陈设品等。可以穿插手绘表现图，但主要以实景照片为主。

4）主要装饰材料、装饰品的列表深度要求：主要材料、装饰的实物照片、规格、使用部位等信息。

（2）所有图纸文件均需提供 A3 幅面彩色图册，及相应的 AutoCAD 2004 版本所有图纸电子文件。

（3）甲方书面认可后，方可认为该阶段工作完成。

2. 方案（深化）设计阶段

（1）方案（深化）设计阶段提交成果。

1）平面布置图深度要求：卧室各功能区域的名称、使用面积、地面材质、家具布置。

2）交通流线组织图深度要求：主要动线、次要动线。

3）主要景观分析图深度要求：室内朝向面对的主要景观面，周边景观环境的分析。

4）家具布置图深度要求：包括所有固定及活动家具的平面布置，有编号及对应编号的说明。

5）天花布置图深度要求：包括空调机位置、出风及回风位置、电灯开关位置、灯具位置及检修口的布局规划。

6）电气布局平面图深度要求：包括电器设备插座位置、强弱电户内箱位置、电视电话宽带设置的布局规划。

7）地面材质图深度要求：包括地面面饰材料、图案及地面标高。

8）主要空间的立面图深度要求：需表明立面材料及造型的色彩和进退关系，可以是手绘图上色，也可以用电脑绘制。

9）效果图。

a. 户内包括主卧、客卧、老人房、儿童房，需反映出主要空间立面，每个室内 3 张以上，优先度排序为：主卧→客卧→老人房→儿童房。

b. 公共空间不同区域均需出效果图，反映出整体效果及主要立面。

c. 其他可根据项目实际情况另行商定。

10）材料清单及实物样板。材料清单中需列明内容：①材料编号；②品种名称；③规格（长度、宽度、厚度）；④产地；⑤使用部位；⑥用量（m²）；⑦建议供应商信息（所建议供应商如为独家厂商，乙方应确保其材料供应、价格要符合甲方施工工期和成本造价的控制要求）。

实物样板要求用 A1 幅面 KT 板制作，其上粘贴材料实样，包括：①石材（300mm×300mm，周边磨5mm、宽45°斜边）；②瓷砖（300mm×300mm，周边磨5mm、宽45°斜边）；③饰面板（300mm×300mm）；④地毯（方块毯：实际规格，卷毯：600mm×600mm，局部具有代表性图案和颜色，工艺毯：600mm×600mm，局部同时附整幅地毯图案的A3幅面彩色图片）；⑤墙纸（600mm×600mm，局部具有代表性图案和颜色）。

（2）经甲方及相关顾问书面认可后方可认为该阶段工作完成。

3.施工图设计阶段

（1）装饰施工图提交成果。

1）图纸封面深度要求：包括项目名称、图纸名称、编制单位、编制时间。

2）图纸目录深度要求：包括图纸编号、图纸名称、图纸张号、图幅。

3）施工图设计说明深度要求：有关设计依据、设计规范、主要施工做法的说明、施工过程中应注意的技术性说明文字等。

4）材料明细表深度要求：包括材料编号、使用部位、主要规格等；严禁在施工图纸上提供供应商信息。

5）平面布置图深度要求：包括平面布局、家居布置、地面材质、地面高差；可将立面索引图合并在此图中，但不可索引任何剖面；尺寸标注在平面布置外围，需有建筑轴线尺寸、开间尺寸、进深尺寸、隔墙轴线尺寸及开间、进深的总尺寸。

6）天花尺寸图深度要求：包括天花造型、窗帘盒及灯具相对尺寸、天花使用材料、各部位的标高；可将天花造型大样索引和天花剖面索引合并在此图中。

7）隔墙定位图深度要求：包括隔墙使用材料、隔墙厚度、隔墙的轴线尺寸及不同材料隔墙的做法详图索引。

8）机电点位图深度要求：在平面图基础上绘制，包括灯具开关、空调调速器、门禁对讲机、紧急报警按钮、电器设备插座、电话电视宽带端口插座等的位置相对尺寸。

9）立面图深度要求：包括立面造型、尺寸；面饰材料名称、尺寸；立面上房间门的名称、尺寸；电气开关插座等相对位置尺寸；造型的剖面结构索引、主要立面材料基层做法索引、立面上不同材料衔接的节点大样索引。

（2）材料/部品选型设计提交成果。

1）床、柜及电器选型设计图册深度要求：含品牌、型号、规格尺寸、材质、技术参数、供应商信息、价格信息。

2）灯具选型设计图册深度要求：含品牌、型号、规格尺寸、材质、技术参数、供应商信息、价格信息。

3）材料清单及实物样板深度要求：材料编号必须同施工图中的编号对应，其他要求同方案设计阶段。

4）卧室家具及陈设品设计提交成果。卧室家具及陈设品设计图册深度要求：内容包括活动家具、工艺灯具、装饰陈设品等，需提供布置图、意念图片和规格尺寸图或加工图（活动家具、工艺灯具）。

5）材料/部品选型设计需各提供A3幅面彩色图册3套；材料清单提供3份，真实材料/部品选型物样板1套。

（3）经甲方及相关顾问书面认可后方可认为该阶段工作完成。

子项目 2　书房（工作室）设计专项

一、学习目标

（一）知识目标

（1）了解普通住宅书房（工作室）的设计方法。

（2）利用图式思维在设计方案阶段完成设计构思。

（3）掌握正确的设计成果表达方法。

（4）掌握书房（工作室）基本使用功能和扩展使用功能的设计要点。

（5）掌握书房（工作室）的配色设计方法。

（6）熟悉常用装修材料的构造作法。

（二）能力目标

通过理论教学与住宅空间设计的实践，了解普通住宅书房（工作室）的设计方法，学会如何针对客户要求进行市场调研，使学生获得自主设计能力。在将知识融会贯通的过程中，达到通过客户调研和合理构思独立完成设计方案以及策划的能力。

（三）素质目标

通过完整的项目实施过程，培养学生调研和沟通能力、团队合作能力及独立创作构思能力。

二、项目实施步骤

（一）项目调研

（1）书房（工作室）的基本功能区域划分调研。

（2）书房（工作室）家具如何恰当的艺术的放置空间，并调研室外对室内的影响。

（3）书房（工作室）色调比较分析，书房、工作室空间大小对家具设置的影响。

（二）策划设计方案

（1）搜集业主、户型信息。

（2）考察真实客厅装饰工程现场，测量住宅室内空间的数据，画出室内平面的草图，标明详细的尺寸，作为进行任务实施的依据。

（3）根据对设计项目的调研，有针对性地对空间特征与功能分析。

（4）明确设计任务和要求。

（5）填写业主要求意向表。

（6）沟通初步设计的意向对空间、风格定位的类型。

（三）方案草图设计

通过现场的考察，进行方案设计，包括玄关、客厅以及它们之间的过渡空间的设计，并绘出手绘方案草图。这个阶段，现场指导学生了解不同空间的特点和设计方法，并要求学生首先画出住宅平面布置草图，包括室内空间格局的更改、家具的布置、室内动线的安排等，并根据平面布置草图手绘各空间的方案草图。

（四）电脑施工图绘制

布置作业，学生在机房用 AutoCAD 软件绘制正式的平面布置图。

（五）电脑效果图绘制

利用 3ds Max 绘制主要空间的效果图。

三、知识链接

（一）书房（工作室）设计特点

书房（工作室）与起居室有着本质的区别，这主要在于书房与工作室具有职业特征，它可以根据使用者的职业、身份的差别有不同的叫法，如办公室、画室、琴房、学习室、练功房等。随着我国经济体制改革的进一步深化，人们的生活结构产生了很大的调整和改变，人们的生活习惯也逐渐趋向于国际化。与过去相比，书房与工作室的功能和作用也产生了巨大的变化。其变化主要受以下因素的影响（图 3-9 ~ 图 3-12）。

图 3-9　书房（工作室）设计一

图 3-10　书房（工作室）设计二

（1）社会竞争性增强，人们学习和工作的强度逐渐加大，若想立于不败之地，就必须不断努力学习和工作。这使得人们在家庭中用于学习和工作的时间增多，所以室内增加了对学习和工作专用空间的要求。

（2）社会劳动分工的改变，使得人们的职业和工作已普遍渗入家庭生活，并且占据生活内容的比重越来越大，甚至一部分职业全部可以在家里完成，如设计师、会计师、律师、作家、画家、经纪人等。

图 3-11　书房（工作室）设计三

图 3-12　书房（工作室）设计四

（3）脑力与体力劳动的差别越来越小，人类劳动更趋向于知识化方向发展，特别是计算机进入家庭越来越普及，家庭的休闲生活和工作学习之间的界限也越来越模糊。种种现象表明，书房或工作室已成为现代中重要的组成部分，在现代室内设计中应给予足够的重视，以适应社会的变化与发展。书房和工作室的功能性质相似，无论是学习还是工作，都多以伏案工作为主，它们均属于静谧空间，应具有相对的独立性，故与其他空间之间的关系更多采用的是绝对分隔。

（二）书房（工作室）设计应遵循的原则

（1）设计风格和形式应当简洁、明快，要充分体现工作和学习的气氛，而不应追求过多烦琐的装饰（图3-13）。

图 3-13　书房（工作室）设计五

（2）室内家具要根据使用者学习和工作的内容和方式进行设计与布置，并严格遵从人体工程学的基本原理科学地设计，艺术地处理。

（3）要有良好的日照和通风条件，以保证室内的空间质量。

（4）在保证足够的采光，照明的照度的同时，还要使光源的颜色和照射方向合理，避免眩光对人眼的伤害。

（5）室内色彩设计应当有利于稳定人的情绪，保护人的视力，减少疲劳，提高工作效率。

（三）家庭个人工作室设计

由于工作环境的变化，大部分人都使用互联网和电脑的工作，所以现在有越来越多的人发现自己需要在家工作，需要临时工作室。所以要研究你的房子，有没有一个地方可以安排这个空间，这个空间既不能影响别人的正常休息，也不能让别人影响你的工作。可以用一个卧室、一个专门的房间或电脑的旁边，来安排创造性的工作空间。

1. 工作室的家具布置

工作室的家具布置与选择不同于其他家具，它不仅要求合理的高度，还应有供人活动的空间；室内应有足够的贮藏空间和充裕的工作平面，还要有足够的自然光照明，也就是说写字桌宜布置在靠近窗口的部位（图3-14）。

工作室的家具布置方法较多，归纳起来大致有"一"字形、L形和U形3种常用的方法。柜架类的配置，也尽可能围绕着一个固定的工作点，与桌子构成整体，以减少无功效的动作。在特定的环境里，还常根据不同的工作内容，采用高低相接、前后交错、主次有别的布置形式，使家具布置既合理又富于变化，以达到提高效率的目的。

"一"字形布置，是将写字桌、书柜与墙面平行布置，这种方法使工作室显得十分简洁素雅，造成一种宁静的学习气氛。

L形布置，一般是靠墙角布置，将书柜与写字桌布置成直角，这种方法占地面积小（图3-15）。

图3-14 书房（工作室）设计六

图3-15 书房（工作室）设计七

U形布置是将书桌布置在中间，以人为中心，两侧布置书柜、书架和小柜，这种布置使用较方便，但占地面积大，适合于面积较大的工作室。

工作室布置中除了家具布置外，室内采光、色彩与环境布置也不能忽视。柔和的光线，淡雅亲切的色彩和宁静谐调的环境，能提高学习与工作的效率。工作室中除了利用室外自然光外，还应配置局部照明用的书写灯具，其照明度通常高于整个环境的高度。这样既能保证学习、阅读环境所需的可见度，又可避免由于强弱照度对比过大而引起的视觉疲劳现象。在工作室中适当运用一些书画艺术品和盆栽绿化，可以点缀环境，调节人的心情，将室内环境与室外环境融为一体，使人感到生机盎然而激发人们奋发向上的学习热情。

要实现你的完美的工作空间，创造力和收纳整理是关键，把那些文件和书籍从桌子整理出来，给您最大的空间来发挥设计水平（图3-16）。整理柜可以挂起来，也可以做成壁柜的形式，但需要做成一小格一小格的，高度要适当，这样整理书籍和文件会非常方便。即使是最小的空间也可以用一个创新的设计来实现，如使用和安装在墙上的书柜或置物架，不过这些东西一定要结实，因为放的书和文件将是比较重的，颜色的选择上要符合业主的要求，对于比较暗的空间要用亮些的颜色来协调。

图3-16　书房（工作室）设计八

如果文件比较重要，而且要经常带到办公地点的话，可以直接使用收纳箱，也可以在收纳箱上作好标识，这样很好找，对文件也没有一点伤害。

如果是单身的话，这个工作室可以在卧室之中开辟出来，在床的另一边放一个空间，要以舒适为主，睡觉也很方便，工作睡觉二合一。

2. 个人工作室设计原则

在规划个人工作室时，实用与舒适是优先要考虑的因素。如何在工作环境的影响下，更具有创造力，事先

对工作空间的选择和安排就显得至关重要。

对在家工作者来说，一天当中待在家里的时间可能会占去大半时间。因此，宜选择一个舒适的工作场所。要避免把工作区安置在潮湿阴暗的地方，如有人将三室二卫中的没有窗户的一卫改装成工作室，这种工作室缺乏自然光线，若在其中长期伏案工作，将对健康不利。此外，尽可能远离易于干扰工作的区域，如洗衣区。光线明亮、通风良好应是规划个人工作室的首要条件。

个人工作室主要有以下3种类型，具体可依实际条件酌情选择。

（1）专属工作室。个人专属工作室是将家里的一个区域开辟为个人专用的房间，这样的空间较不受家里其他人的干扰，并且能够充分地进行规划，以配合工作的需要。另一方面，也可以在这个房间中保持独特的风格，以有别于其他房间。因此，应尽量辟出个人专属工作室，以使自己保持最高的工作效率（图3-17）。

图3-17　书房（工作室）设计九

（2）整合式工作室。整合式工作室是将工作室设置于客厅、餐厅或卧房部分。设置这种工作室的关键是要找出适当方式结合两者机能，一方面能保有私人的隐秘空间，另一方面能清楚地分隔出不同的两个生活空间。在选购工作室的家具和用品时，要能和房间装潢相协调，可以利用活动式百叶窗、屏风等隔间设施，来达到分隔的目的（图3-18）。

（3）特殊式工作室。特殊空间的工作室在设计上，通常是将房间的畸形或零散空间加以利用。如楼梯的平

图 3-18 书房（工作室）设计十

台、楼梯下方或是玄关等。这些空间的采光往往不好，而且易受到周围环境的干扰，因此需要安装特殊的照明设施，同时也应尽量远离电视、音响等声源（图 3-19）。

图 3-19 书房（工作室）设计十一

3."家庭电脑房"

电脑已开始走进越来越多的家庭。大凡居住条件较为宽敞的家庭，一旦将电脑搬回家，多会为其设一间专门的"电脑房"。设计布置电脑房时，不妨从以下 4 方面入手。

（1）通风要好。电脑需要良好的通风环境，因此，电脑房的门窗应保持空气对流畅顺，其风速的标准可控制在 1m/s 左右，有利于机器的散热。电脑不能安装在密不透风的房间内；电脑房的窗户上要有窗纱，以保证既通风又阻挡室外尘埃的飘入（图 3-20）。

图 3-20 书房（工作室）设计十二

（2）温度要适当。电脑房的温度最好控制在 20 ~ 30℃之间，才有利于电脑正常工作。电脑摆放的位置有三忌：一忌摆在阳光直接照射的窗口；二忌摆在空调器散热口下方；三忌摆在暖气散热片或取暖器附近。

（3）湿度要合适。电脑房的最佳相对湿度是 40% ~ 70% 左右。湿度过大，会使元件接触性能变差或发生锈蚀；湿度过小，不利于机器内部随机动态关机后储存电量的释放，也易产生静电。

（4）色彩要柔和。电脑房的色彩，既不要过于耀目，又不宜过于昏暗，而应当取柔和色调的色彩装饰，如浅榉色的地面、玫瑰彩的墙壁、淡黄色的窗帘。由于绿色既可调节眼睛疲劳，又有增加室内大自然气息的作用，所以，在电脑房内养植两盆诸如万年青、君子兰、

文竹和吊兰之类的花卉，也能起到改善空间环境的作用（图3-21）。

图3-21　书房（工作室）设计十三

4.工作室的重要性

工作室是人们结束一天工作之后再次回到办公环境的一个场所。因此它既是办公场所的延伸，又是家居生活的一部分。工作室的双重性使其在家庭环境中处于一种独特的地位。

首先，它强调了家庭办公的特殊功能，因此它需要一种较为严肃的工作气氛。但工作室同时又是家庭环境的一部分，要与其他居室融为一体，透露出浓浓的生活气息。所以工作室既然是家庭办公室，那就要求在凸现个性的同时，融入办公环境的特殊性。让人在轻松自如的气氛中更加投入地工作，更自由地休息（图3-22）。

图3-22　书房（工作室）设计十四

四、项目检查表

项目检查表				
实践项目	卧室、书房（工作室）设计项目			
子项目	书房（工作室）方案设计	工作任务		书房（工作室）规划设计
检查学时		0.5学时		
序号	检查项目	检查标准	组内互查	教师检查
1	手绘方案草图	是否详细、准确		
2	电脑施工图	是否齐全		
3	电脑效果图	是否合理		
检查评价	班　级		第　　组	组长签字	
	教师签字		日　　期		
	评语：				

五、项目评价表

项目评价表						
实践项目		卧室、书房（工作室）设计项目				
子项目	书房（工作室）方案设计		工作任务		书房（工作室）规划设计	
评价学时			1 学时			
考核项目	考核内容及要求	分值	学生自评（10%）	小组评分（20%）	教师评分（70%）	实得分
设计方案	方案合理性、创新性、完整性	50				
方案表达	设计理念表达	15				
完成时间	3 课时时间内完成，每超时 5min 扣 1 分	15				
小组合作	能够独立完成任务得满分	20				
	在组内成员帮助下完成得 15 分					
总分		100				
项目评价	班　　级			姓　　名		学号	
	教师签字			第　　组	组长签字		
	评语：						
	日　　期						

六、项目总结

整理调研结果，对书房、工作室进行空间草图规划，结合观察到的施工工艺，绘制住宅室内的天棚平面图、立面图、剖面图、节点详图等需要了解施工工艺的图纸，做出详细的尺寸标注和材料注释，并附带方案的设计说明，最终完成住宅书房、工作室设计方案图纸。以上实践课程的内容是根据实际设计流程来进行，当学生对具体的施工工艺不了解时，应及时返回施工现场观摩，结合具体操作能加深理解。

七、项目实训

（一）实训内容

（1）项目名称：书房（工作室）。

（2）设计区域：书房、工作室、工作区。

（3）设计面积：10 ~ 30m²。

（二）实训总体要求

为书房（工作室）进行装饰方案设计、装饰施工图设计、灯具造型搭配、电器造型搭配、家具及陈设品设计。

（三）实训进度计划

1. 概念设计阶段

（1）概念设计提交成果：概念设计展示板或图册。

1）概念设计构思说明深度要求：设计主题阐述以文字说明的形式出现，包括：设计师对本项目的理解及建议，详细表明如何利用各种设计手法满足投资者、使用者的要求和满足国家及地方的有关政策要求。

2）平面布置图深度要求：根据甲方提出的使用要求，对各功能分区、满足功能要求的设施设备、交通流线的组织做出的初步规划。

3）装饰风格意向图片深度要求：用以阐述设计师对

书房或工作室项目装饰设计方向性把控的图片集合，包括装饰构件、家具、工艺灯具、陈设品等。可以穿插手绘表现图，但主要以实景照片为主。

4）主要装饰材料、装饰品的列表深度要求：主要材料、装饰的实物照片、产地、规格、使用部位等信息。

（2）所有图纸文件均需提供 A3 幅面彩色图册 3 套。

（3）甲方书面认可后，方可认为该阶段工作完成。

2. 方案（深化）设计阶段

（1）方案（深化）设计阶段提交成果。

1）平面布置图深度要求：书房各功能区域的名称、使用面积、地面材质、家具布置。

2）交通流线组织图深度要求：主要动线、次要动线。

3）主要景观分析图深度要求：室内朝向面对的主要景观面，周边景观环境的分析。

4）家具布置图深度要求：包括所有固定及活动家具的平面布置，有编号及对应编号的说明。

5）天花布置图深度要求：包括空调机位置、出风及回风位置、电灯开关位置、灯具位置及检修口的布局规划。

6）电气布局平面图深度要求：包括电器设备插座位置、强弱电户内箱位置、电视电话宽带设置的布局规划。

7）地面材质图深度要求：包括地面面饰材料、图案及地面标高。

8）主要空间的立面图深度要求：需表明立面材料及造型的色彩和进退关系，可以是手绘图上色，也可以用电脑绘制。

9）效果图。

a. 户内包括书房（工作室）区域需反映出主要空间立面，要求 3 张以上。

b. 公共空间不同区域均需出效果图，反映出整体效果及主要立面。

c. 其他可根据项目实际情况另行商定。

10）材料清单及实物样板。材料清单中需列明内容：①材料编号；②品种名称；③规格（长度、宽度、厚度）；④产地；⑤使用部位；⑥用量（m²）；⑦建议供应

商信息（所建议供应商如为独家厂商，乙方应确保其材料供应、价格要符合甲方施工工期和成本造价的控制要求）；⑧备注（地毯颜色、花纹、材质等信息；石材的表面处理；墙纸的肌理等）。

实物样板要求用 A1 幅面 KT 板制作，其上粘贴材料实样：①石材（300mm×300mm，周边磨 5mm、宽 45°斜边）；②瓷砖（300 mm×300mm，周边磨 5mm、宽 45°斜边）；③饰面板（300 mm×300mm）；④地毯（方块毯：实际规格，卷毯：600mm×600mm，局部具有代表性图案和颜色，工艺毯：600mm×600mm，局部同时附整幅地毯图案的 A3 幅面彩色图片）；⑤墙纸（600mm×600mm，局部具有代表性图案和颜色）。

（2）经甲方及相关顾问书面认可后方可认为该阶段工作完成。

3. 施工图设计阶段

（1）装饰施工图提交成果。

1）图纸封面深度要求：包括项目名称、图纸名称、编制单位、编制时间。

2）图纸目录深度要求：包括图纸编号、图纸名称、图纸张号、图幅。

3）施工图设计说明深度要求：有关设计依据、设计规范、主要施工做法的说明、施工过程中应注意的技术性说明文字等。

4）材料明细表深度要求：包括材料编号、使用部位、主要规格等；严禁在施工图纸上提供供应商信息。

5）平面布置图深度要求：包括平面布局、家居布置、地面材质、地面高差；可将立面索引图合并在此图中，但不可索引任何剖面；尺寸标注在平面布置外围，需有建筑轴线尺寸、开间尺寸、进深尺寸、隔墙轴线尺寸及开间、进深的总尺寸。

6）地面材质图（铺地平面图）深度要求：地面面层材料的名称、种类、规格尺寸、地面标高；活动家具及可移动的地毯需删除，注意房间中的固定柜地面是否铺地材，需与施工中地面面材的施工范围一致；地面做法的大样、地面拼花的大样、地面高差或不同材质衔接的细部节点等在此图上索引。

7）隔墙定位图深度要求：包括隔墙使用材料、隔墙厚度、隔墙的轴线尺寸；不同材料隔墙的做法详图索引。

8）综合天花图深度要求：在天花图基础上绘制，包括灯具、空调、消防、智能化等机电末端点位和检修口的位置、尺寸。

9）立面图深度要求：包括立面造型、尺寸；面饰材料名称、尺寸；立面上房间门的名称、尺寸；电气开关插座等相对位置尺寸；造型的剖面结构索引、主要立面材料基层做法索引、立面上不同材料衔接的节点大样索引；立面图名称前的索引编号需对应平面图编号中的立面索引编号进行反向索引；最好绘制出立面两端的隔墙毛坯面及门洞、窗洞的结构剖面，便于核查电气开关插座位置尺寸，也便于核查墙面材料做法的厚度，更能直观识图。

（2）材料 / 部品选型设计提交成果：提交成果。

1）柜及电器选型设计图册深度要求：含品牌、型号、规格尺寸、材质、技术参数、供应商信息、价格信息。

2）灯具选型设计图册深度要求：含品牌、型号、规格尺寸、材质、技术参数、供应商信息、价格信息。

3）材料清单及实物样板深度要求：材料编号必须同施工图中的编号对应，其他要求同方案设计阶段。

4）书房家具及陈设品设计提交成果。书房家具及陈设品设计图册深度要求：内容包括活动家具、工艺灯具、装饰陈设品等，需提供布置图、意念图片和规格尺寸图或加工图（活动家具、工艺灯具）。

5）材料 / 部品选型设计需各提供 A3 幅面彩色图册 3 套；材料清单提供 3 份，真实材料 / 部品选型物样板 1 套。

（3）经甲方及相关顾问书面认可后方可认为该阶段工作完成施工服务阶段。

项目四 卫浴、厨房设计专项

子项目1 卫浴设计专项

一、学习目标

（一）知识目标

（1）了解普通住宅卫浴空间的设计方法。

（2）利用图式思维在设计方案阶段完成设计构思。

（3）掌握正确的设计成果表达方法。

（4）学会常见室内设计材料的使用方法。

（5）掌握卫浴空间配色设计方法。

（6）熟悉常用卫浴空间装修材料的构造作法。

（二）能力目标

通过理论教学与住宅空间设计的实践，了解普通住宅卫浴空间的设计方法，学会如何针对客户要求进行市场调研，使学生获得自主设计能力。在将知识融会贯通的过程中，达到通过客户调研和合理构思独立完成设计方案以及策划的能力。

（三）素质目标

通过完整的项目实施过程，培养学生调研和沟通能力、团队合作能力及独立创作构思能力。

二、项目实施步骤

（一）项目调研

1.客户调研

本章节将由教师提供资料模拟客户，学生扮演设计人员，完成客户调研后，汇总调研表，分析及整理调研结果，集合市场及网络调研结果，形成调研报告，为方案设计做准备。

（1）班级学生分组（表4-1）。

表 4-1 班级学生分组表

专业：　　　　　　　班级：　　　　　　　课程：　　　　　　　时间：

组别	小组职务	成员姓名	任务分配	联系电话
第一组	组长			
	组员			
	组员			
	组员			
第二组	组长			
	组员			
	组员			
	组员			
第三组	组长			
	组员			
	组员			
	组员			
……	……			

（2）模拟调研。

模拟客户资料：

男主人资料：

年龄：	30 岁
职业：	职业经理
学历：	本科
年收入：	40 万元
家庭情况：	已婚
性格：	性格豪放、不拘小节

女主人资料：

年龄：	28 岁
职业：	自由职业者
学历：	硕士研究生
年收入：	20 万元
家庭情况：	已婚
性格：	慢条斯理、非常细致

居住人数：

夫妻二人　短期内不要小孩

客户资料分析：

两个客户的性格差异较大，只有两个人居住。

2. 网络、市场调研

走访当地建筑材料市场、适当运用网络技术，进行厨房设计调研，汇总调研结果，结合客户调研，形成调研报告。本次调研结果将和项目实施作业共同构成该章节的评价体系。

（二）策划设计方案

综合以上两点，本案决定把房子的两个卫生间按客户的性格分开来做，客卫按男主人的性格喜好来设计，主卫设计按照女主人的性格喜好来设计，这样也符合男主外、女主内的"中国传统思想"。

1. 适用于男性的卫浴风格——重实用

男性，在人们通常的概念中应该是阳刚、率直、理性的代名词，那么在卫生间的空间分割上应当尽量直接和明确，清晰的室内层次设计和合理的功能分区，能够体现出大气的空间特质。在家具选择和材质选择上，男性卫生间可以多运用粗线条和结构明确的元素。原木、清水混凝土和砖墙可以作为家具及墙面的立面选材，裸露的建筑结构以及粗糙肌理的地毯、墙纸，同样可以加强男性空间粗犷、不羁的气质。

其实并不是说男性浴室风格只适合男性，实际上，浴室设计是一件非常有趣的事。设计时候应尽量使其变得大气和舒适实用，总体风格偏向于简约现代，男性通常更喜欢深色系的浴室，多运用光滑精致的瓷砖及大量金属元素。再结合现代实用的效果，更显大气一些，实用与简洁美观是改造的重点（图4-1）。

图4-1　卫浴设计一

总之，男性卫浴空间的装饰应该以简洁为主，因此不需要过多的装饰，体现出方便和实用是最重要的。

2.适用于女性的卫浴风格——讲格调

相同面积的卫生间，在女性柔美、浪漫的天空里，整个色彩发生了翻天覆地的变化，与男性的冷峻、睿智形成鲜明的对比。在暖色当家的房子里，浪漫的紫色、红色、粉色、黄色构成绚丽的画面，温暖成为永恒的主题，幸福也随之荡漾。以女性为主题的卫生间会给产品造型和光线带来感观上的错位和异化，会为家庭主人带来截然不同的温度感受。例如，朱砂红嵌白色的同时，上方辅以乳黄色，可以把二者柔和的色彩叠加，并幻化出春天的氛围（图4-2、图4-3）。

图4-2　卫浴设计二

图4-3　卫浴设计三

卫浴空间在性别上的区分，大部分要靠装饰来完成。女性的卫浴空间需要营造一些情调，因此别致的吊灯、小束的鲜花不可缺少。

（三）方案草图设计

卫浴草图设计初始阶段，多以线为主，是思考性质的，一般较潦草，主要为记录思想的灵光与原始意念，不追求效果和准确。

当明确了设计方向，接下来则开始绘制稍微精确的设计草图，此阶段为解释性草图，多是以说明产品的使用和结构为宗旨。基本以线为主，附以简单的颜色或加强轮廓，经常会加入一些说明性的语言，偶尔还会运用卡通式语言方式，画面较清晰且大关系明确。

当开始进行结构草图绘制的时候（图4-4），则要多画透视线，辅以暗影表达，主要目的是为表明产品的特征、机构、组合方式以利沟通及思考（多为设计师之间研究探讨用）。

而效果设计草图则是设计师比较设计方案和设计效果时用的，也用在评审时。以表达清楚结构、材质、色彩、为加强主题还会顾及使用环境、使用者。

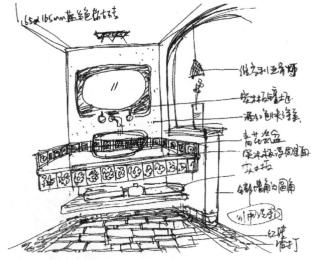

图4-4　卫浴草图设计

（四）电脑施工图绘制

本实训项目，结合虚拟案例，对既有的原始平面图进行设计，学生分组执行实训计划，实训成果在项目完成后进行相关评价（图4-5）。

缺点：主卫太小、结构雷同、男女主人有不同的风格需求。

解决办法：进行相应拆改，并结合方案策划和手绘草图，开始施工图绘制。

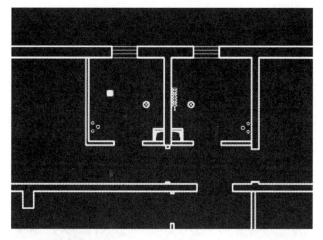

图 4-5　原始平面图

（五）电脑效果图绘制

卫浴电脑效果图的绘制要注意以下几点。

（1）因卫浴中的不规则形态很多，应当注意样条线的编辑，制作过程中要细心，挤出的模型才不会出现问题。

（2）卫浴空间设施的陈设品多具有反射性，如镜子、不锈钢等，因此，在灯光渲染时，反射数值可能需多次调节才能达到满意的效果（图 4-6）。

（3）卫浴空间中的设施多光滑表面材质，因此材质的给予应当符合实际中的质感，才能渲染出逼真的效果。

图 4-6　卫浴设计四

三、知识链接

卫浴空间，是一个私密且被赋予更多人性色彩的空间，在每一个人的生活中，扮演着一个重要的角色。卫浴空间的设计装修，目前也已成为家庭装修中一个非常

重要的环节，它需要更多的细节和卫浴产品元素来实现每一个人的需求，从而满足它本身的功能性和情感性的空间特点，而"人性化与时尚化"已成为卫浴空间设计的主流趋势和众多设计师设计的目标。

卫浴空间的设计造型风格决定一切的视觉效果。卫浴的设计风格应与家庭的设计风格相一致，特别是与餐厅、客厅等相连通的部分的风格要一致。具体而言，就是在色彩、材料、造型等方面要与餐厅、客厅等相融合、相呼应。

（一）卫浴空间常见设计方法

卫浴空间的设计并不是一件简单的工作，就拿现在流行的 Solo 和 Townhouse 两种户型来说吧，Solo 的卫生间一般面积都非常小，设计起来有一定难度；而豪华的 Townhouse 卫生间虽然很大，也往往会因为住户摆放东西过多，而显杂乱，造成视觉上的拥堵。其实无论卫浴空间是大是小，干净整洁是所有空间设计的最基本指导原则，因此在卫浴空间的设计上最好使用清新的色调，柔和的光线和简洁的收纳洁具，并且严格遵守不同空间的设计规律。

1. 小空间：注重细节，精致取胜

并不是所有的卫浴间都既宽大又豪华。事实上，由于空间限制，许多家庭仍采用小面积卫浴间。因为其空间的狭小，就特别需要将所有基本功能和特色凝缩在一起，而且，要尽量使有限的空间看上去更大些，更动人些。在小浴室中，洗手盆和马桶尽可能用较小的型号，以节省有限的空间（图 4-7）。

图 4-7　卫浴设计五

此外，马桶、盥洗盆可以采用悬壁式，让这间浴室产生空间扩大的感觉。小浴室中的所有水龙头与配备最好都是以白色为主，这样才有一致性。若是充斥太多颜色，整个空间会显得过分杂乱。虽然这种卫生间面积很小，但并不一定比大浴室缺少吸引力（图4-8）。

图4-8 卫浴设计六

在小卫浴选择洁具、配件、装饰品以及其他材料的时候，必须要充分考虑尺寸大小、颜色、图案或质地的统一性。这样的话，不管浴室风格是怎样的特定，抑或是怎样的组合，都能保持一种强有力的风格连贯性。还必须从实用的角度出发，小地毯、舒适考究的椅子、精致的墙面以及垂帘固然可以创造传统的浪漫情调，但应注意到过高的湿度和水渍在小空间中更加容易损害装饰材料，破坏精心营造出的视觉效果，给自己日后的使用造成不必要的麻烦。

2. 大空间：毫无约束，拓展功能

大卫浴间面积至少应该在 10m² 以上，有了这么大的卫浴间，当然应该让它的附加功能得到加强，这时候的卫浴间已经不是单纯意义上洗澡、方便的所在了。可以在浴室里摆上一些健康器材（健身脚踏、划船器、跑步器、计重计等）；或者将化妆室的功能搬入卫浴间：在卫浴间里添一只吊柜或壁柜，摆张嵌有洗脸槽的桃木制化妆柜，嵌入一面长镜或造一面镜墙，并在镜旁安装顶灯，添把摇椅或老式柳条椅，铺张地毯，门上可做镜面玻璃和毛玻璃，来反射更多的光，并且保有个人的隐私权；甚至还可将其与更衣室、健身室三合一。

这些复合用途的浴室中间都能用屏风、硬纸板、或较高的植物做区隔。也可以设计圆形的豪华浴缸，或者让它看起来像个温泉泳池，泡泡蒸汽浴，这样洗澡将是人生的一大享受（图4-9）。

图4-9 卫浴设计七

大浴室的设计风格可以是花样百出的。有一些体现了特定的时代特征，有意识地将特定国家和时代的器具安排在一起；当代基调的浴室，如果要增加点古旧感，可以摆上古老的爪式撑脚浴缸和立柱式盥洗盆；雕塑式的淋浴设备、平台上的浴缸、现代版的怀旧传统基座式盥洗槽，以及可以眺望室外的全玻璃幕墙，这一切都是为了展示设计者对时尚的充分理解（图4-10）。选择不同的风格最好是同整个居室设计风格相匹配，但是这方面并没有什么清规戒律，规定法式或英国乡村式的家居设计必须要有同样风格的浴室。

图4-10 卫浴设计八

事实上，如果采用一些特殊的设计并将不同风格熔为一炉的话，往往会出现精神为之一振的效果。居室中的不少房间设计风格是混合型的，浴室当然也不例外。比方说，一个高度现代感的房间中央放置典雅的爪式撑脚家具的话，会使人感到充满活力（图4-11）。

图4-11 卫浴设计九

3.畸零空间：合理利用，出奇制胜

不管是大空间还是小空间，卫生间中总会存在这样或者那样的畸零空间，它们通常面积狭小，形状又不规则，成为空间装饰和利用中的"眼中钉"。

其实，只要花些心思，这些畸零空间完全可以摇身变成卫浴空间中的亮点。比如：卫生间面盆水位箱的下部就可用来做贮藏间，在水箱下方设置搁板，根据水管位置，在每块搁板上预先锯出略大于水管直径的槽口和一个供水箱拉线穿过的孔洞，这些槽口和孔洞务必上下对齐，不能错位，每块搁板用螺丝与托架固定，搁板的多少、搁架高低的尺寸，可根据墙面空间和所需存放品的大小以及使用方便而定。

（二）卫浴空间的界面处理

1.卫生间墙面

卫生间墙面由于淋浴时有大量的水及雾气，因此装饰选材时应以防水、防湿为重点。天然石材搭配使用不易滑倒，而大型瓷砖清扫方便，干燥迅速，这些都是浴室理想的装饰材料。卫生间墙壁面积最大，须选择防水性强，又具有抗腐蚀性与抗霉变的材料。如容易清洗的瓷砖、强化板，花色多，可拼贴丰富的图案，且光洁平整易干燥，是非常实用的壁面材料。

2.卫生间地面

卫生间地面的装饰材料，最好采用凸起花纹的防滑地砖，这种地砖不仅有很好的防水性能，而且即使在沾水的情况下，也不会太滑。

3.空间适合

浴室柜的选择与安放与卫浴间的面积大小有密切关系。如果卫浴间大的话，可进行干湿分离设计，将淋浴间和其他区域分隔，这样，淋浴的水不会向外飞溅，其他区域能够保持干爽，选择浴室柜时就不用担心防潮问题，可以从容的选择各种风格和材质，且浴室柜形式的选择也更自由，从实用角度讲，具有储藏量大和分类清晰的组合式浴室柜为最佳选择。如果卫浴间小的话，为了有效地隔离地面潮气对柜体的侵袭，可选择挂墙式或带金属脚的浴室柜。玲珑小巧的独立式浴室柜也是节省空间的不错选择。

（三）卫浴空间的设计风格

1.极简主义风格

极简主义最显著的特征当然就是简洁和明确。追求的是一种纯粹的、无杂质的艺术效果。极简主义者的宣言是"少即是多"，即最简单的形式、最基本的处理方法、最理性的设计手段求得最深入人心的艺术感受。但"少"并不是一种盲目的削减，而是复杂的升华，往往表达出耐人寻味的激情，是一种高品质的体现。经过几年的发展，极简主义已成为卫浴空间设计的一大特点。但卫浴空间设计的极简主义并不只是简单，在简单背后还凝聚着浓厚的现代生活元素。这也是极简风格的卫浴产品受到都市精英阶层特别青睐的原因（图4-12）。

图4-12　卫浴设计十

2.地中海风格

地中海风格最让人难忘的就是那种纯净到让人心动的蓝白，那么地中海风格卫浴间自然也离不开这两种颜色的瓷砖，在具体设计地中海风格卫浴间时，应注意选择与搭配不同类型的瓷砖与其色彩（图4-13）。

图4-13　卫浴设计十一

设计之初可选择青蓝色仿古砖，保留了地中海基调的同时，增加了复古的质朴感与韵味，更显优雅、大气。另外小块的瓷砖更能营造多变的墙面效果，选用了亮光的蓝、白瓷砖，可以让整个空间因光线的充裕而更显清新。

马赛克是近几年非常流行的卫浴装饰材料，斑驳的色彩搭配比纯色给人更亲切的视觉感和多变的艺术感，地中海风格卫浴间可以采用小片马赛克与白瓷砖搭配使用的设计，白瓷砖如果选择暗花的类型则别致感更强。

设计时也可采用表面有石材质感的仿古彩岩装饰卫浴间墙面，让地中海风格融入了些许美式乡村风格的自然朴实感，也更有文艺气息。

3.欧式风格

欧式风格源于欧洲传统人文思想的影响，比较讲究设计的艺术美感和人性化追求，在设计中始终如一的贯穿了欧洲人特有的浪漫和优雅。卫浴空间设计的线条非常流畅、柔顺，造型往往别具一格，例如在台盆的造型设计方面，不仅有类似花瓣、水滴、碗形等艺术化设计，还力求使每个盆的线条柔顺，边缘顺畅，与台面的融合感好。在坐厕设计上一般水箱较小而座体较宽大，这样人坐着比较舒适，充分体现人性化设计的一面（图4-14）。

图4-14　卫浴设计十二

4. 美式风格

美式风格强调线条的简洁、明晰和优雅；得体有度的装饰，而这些元素也正好迎合了时下的文化资产者对生活方式的需求，即有文化感、有贵气感，还不能缺乏自在感与情调感。

美式卫浴风格植根于欧洲文化，但它摒弃了巴洛克和洛可可风格所追求的新奇和浮华，建立起一种对现代活力家居的新认识。设计上往往整体采用华丽色系，但力求简洁，这是美式卫浴风格的又一大特点（图4-15）。

图4-16 卫浴设计十四

图4-15 卫浴设计十三

5. 东南亚风格

东南亚风格以其来自热带雨林的自然之美和浓郁的民族特色风靡世界，尤其在气候之接近的珠三角地区更是受到热烈追捧。东南亚式的设计风格之所以如此流行，正是因为它独有的魅力和热带风情而备受人们推崇与喜爱。原汁原味，注重手工工艺而拒绝同质的乏味，在盛夏给人们带来南亚风雅的气息。

东南亚风格卫浴设计，讲求结合东南亚民族岛屿特色及精致的文化品位。特点就在于广泛地运用木材和其他的天然原材料，如藤条、竹子、石材、青铜和黄铜等，局部采用一些金色系瓷砖、丝绸质感的布料予以搭配。整体颜色虽然以深色为主，但不显压抑反而凸显雍容（图4-16）。

6. 中式风格

中式风格一般是指明清以来逐步形成的中国传统风格的装修，这种风格最能体现中式的家居风范与传统文化的审美意蕴。但如何使古典风格融入现代生活，正是中式装修需要考虑的，目前在数以万计的家装工程中，中式风格的装修仍属凤毛麟角。

中式风格的卫浴设计，给人一种稳重与含蓄的感觉，置身其中，很容易使人陷入对人生理性的思考；精雕细琢的工艺，更能给人一种美的享受（图4-17）。

图4-17 卫浴设计十五

7. 日式风格

日式风格的家居设计，往往崇尚感知自然材质，回归原始与自然之美。日式家具常常以清新自然、简洁淡雅的独特风格面世，营造出闲适、悠然的家居环境，日式风格的卫浴间亦是如此，在塑造简约自然风格同时，还十分遵从人性化设计（图4-18）。

图 4-18　卫浴设计十六

日式浴室设计要点：

（1）独立的浴室。第一件事，必须记住，在日本浴室的设计中，马桶不能和浴缸放在同一个房间里。日本人会对这种做法感到极其反感。对他们来说，卫浴的房间是指只在其中洗澡的地方。

（2）又大又深的浴缸。在日本浴室的设计中，一个非常重要的安装设备就是一个非常深的浴缸，它是用于泡澡的，而不是仅仅洗浴。没有这一点，浴室会被认为是没有用的。

（3）安装热水器。现如今的日本浴室里，都有热水器，可提供需要的热水，而且是需要一个大容量的热水器，能够保证在大大的浴缸中放满舒适的热水。因此，当在家中设计一个日式的浴室的时候需要注意，热水器将是另一个主要的安装设备。

（4）淋浴。如果想创建一个传统的日本浴室，千万别忘了淋浴和淋浴喷头。日本人在洗澡的时候，都是先利用水桶来清洗自己，然后才彻底进入浴缸的。然而，大多数人也可以使用淋浴，如果想来一个现代式的淋浴方式的话。

（四）卫浴空间的装饰材料

卫生间的装修材料相对其他房间来讲有一定的特殊性，首先从功能上讲，这里的材料一定要具有耐水性、防污性、防滑性、安全性等，从心理上讲，应该给人清洁、光亮、放松的感觉。卫生间与其他空间既独立又关联，既可以做得很独到，又可以与它们保持统一。

1.装饰材料

用天然大理石作为浴室柜的台面，要尽量避免唇膏等有颜色的化妆品涂到台面上，这种有油性的颜色会渗透到石材里。

用实木打造浴室柜更能配合中式的家居风格，但最好将空间处理为干湿分离的格局。

想让卫浴空间装饰得另类、出彩，还可以考虑使用以下材料来制作浴室柜、洗面盆台面等。

（1）全能薄型板材——目前国际流行使用一种先进的全能薄型板材，这种材质既防水又有纯天然木材纹理，可用在装饰浴室墙面和浴室柜台面，所营造出的逼真实木效果令人难辨真假。

（2）人造石——质量较高的人造石可随意切割成不同形状、尺寸，既能小块组合拼贴，又可为墙面进行大面积无缝拼接。大比例的花卉和线条图案被镂刻在长条人造石上，能够带来独特的装饰效果。

（3）镀膜镜——高科技光学和电子领域独特的镀膜镜面，吸光率达到50%，不反光，视觉效果好，装饰性强。即使是射灯，经镀膜镜反光后也会变得毫不刺眼，多用来作为浴室墙面的造型设计。

（4）树脂玻璃——树脂玻璃质地轻盈、不易破碎、通透如水晶，是制作隔断和推拉门的最时尚最理想材料，用树脂玻璃在卫浴中灵活地将干湿区分隔开来，轻巧美观的同时，也能最大限度地利用空间。

（5）不锈钢——不锈钢运用于卫浴空间，会营造出冰冷前卫的空间效果，给人以现代感，不锈钢表面效果分亮光和拉丝两种，亮光不锈钢显得张扬冷酷，拉丝不锈钢的效果要柔和一些。

（6）天然实木——选用专业厂家生产，以及合适的木质材料，采用特殊安装工艺，完全可以在卫浴中实现天然实木的装饰，这种做法因比较奢侈，视觉效果上自然会比较奢华。

2. 地面材料

马赛克可拼出各种图案，不会与任何人家雷同，个性化，时尚化，是人们喜欢它的原因。

浴室地板——视觉美观考究，踩踏舒适，有干湿分区的可以考虑。

橡胶地毯——有柔软的脚感和不错的防滑性能。注意选择环保的塑胶材料。

塑胶地板垫——成片的塑胶地板垫通常也是很理想的选择，脚感舒服，价钱亦理想。

经防水处理的地板块——温暖而舒适，但因其昂贵的价格，对高档浴室而言不啻为一个很好的选择。

地砖材料——地砖为常用材料，防水、防腐等性能比较优越，花色繁多可以营造出不同的情趣。但其中花岗岩材料因含有一定程度的辐射污染，一般来讲，不提倡过多使用在空气流通较差的浴室。

3. 墙面材料

瓷砖采用斜铺方式，增强空间的活跃性。在不会溅到水的地方运用壁纸，让浴室在视觉上与其他空间更为协调。

量身打造浴室柜是很多家庭的选择，这样能最大限度地利用浴室空间，但浴室柜的材料一定要环保、防潮、不易变形。

防水漆——属于比较简洁的墙面装饰材料，可以选择自己喜欢的颜色。高质量防水漆的配方中添加了特殊的防水透气分子，因此能做到既防水又透气。

防水壁纸——专用防水壁纸具有特别的防水、防潮性能，遇水不会吸收水分，反而会呈现出透明水滴沾满墙面的清凉画面。清理起来也异常简便。花色多样，使卫浴空间更有情趣。

瓷砖——卫生间墙壁面积最大，须选择防水性强，又具有抗腐蚀性与抗霉变的材料，瓷砖花色多，易清洗，可拼贴丰富的图案，且光洁平整易干燥，是非常实用的浴室墙面材料。

马赛克——色彩丰富，防水性好，可以拼贴图案，组成主题墙，凸显卫浴个性化风格。主要有石材马赛克、陶瓷马赛克、金属马赛克和玻璃马赛克4种材质选择。

四、项目检查表

项目检查表				
实践项目	卫浴、厨房设计专项			
子项目	卫浴设计专项	工作任务		卫浴空间规划设计
检查学时	0.5 学时			
序号	检查项目	检查标准	组内互查	教师检查
1	手绘方案草图	是否详细、准确		
2	电脑施工图	是否齐全		
3	电脑效果图	是否合理		
检查评价	班级		第 组	组长签字
	教师签字		日 期	
	评语：			

五、项目评价表

项目评价表						
实践项目		卫浴、厨房设计专项				
子项目	卫浴设计专项		工作任务		卫浴空间规划设计	
评价学时			1 学时			
考核项目	考核内容及要求	分值	学生自评（10%）	小组评分（20%）	教师评分（70%）	实得分
设计方案	方案合理性、创新性、完整性	50				
方案表达	设计理念表达	15				
完成时间	3 课时时间内完成，每超时 5min 扣 1 分	15				
小组合作	能够独立完成任务得满分	20				
	在组内成员帮助下完成得 15 分					
总分		100				
项目评价	班　级			姓　名		学号
	教师签字			第　　组	组长签字	
	评语：					
	日　　期					

六、项目总结

整理调研结果，对卫浴空间进行草图规划，结合观察到的施工工艺，绘制卫浴空间的天棚平面图、立面图、剖面图、节点详图等需要了解施工工艺的图纸，做出详细的尺寸标注和材料注释，并附带方案的设计说明，最终完成设计方案图纸。以上实践课程的内容是根据实际设计流程来进行，当学生对具体的施工工艺不了解时，应及时返回施工现场观摩，结合具体操作能加深理解。

七、项目实训

（一）实训内容

（1）项目名称：卫浴。

（2）设计区域：卫浴空间。

（3）设计面积：4 ~ 10m²。

（二）实训总体要求

进行卫浴空间方案设计、装饰施工图设计、灯具造型搭配、电器造型搭配、家具及陈设品设计。

（三）实训进度计划

1.概念设计阶段

（1）概念设计提交成果：概念设计展示板或图册。

1）概念设计构思说明深度要求：设计主题阐述以文字说明的形式出现，包括：设计师对本项目的理解及建议，详细表明如何利用各种设计手法满足投资者、使用者的要求和满足国家及地方的有关政策要求。

2）平面布置图深度要求：根据甲方提出的使用要求，对各功能分区、满足功能要求的设施设备、交通流线的组织做出的初步规划。

3）装饰风格意向图片深度要求：用以阐述设计师

对卫浴空间设计项目方向性把控的图片集合，包括装饰构件、家具、工艺灯具、陈设品等。可以穿插手绘表现图，但主要以实景照片为主。

4）主要装饰材料、装饰品的列表深度要求：主要材料、装饰的实物照片、产地、规格、使用部位等信息。

（2）甲方书面认可后，方可认为该阶段工作完成。

2.方案（深化）设计阶段

（1）方案（深化）设计阶段提交成果。

1）平面布置图深度要求：使用面积、地面材质、家具布置。

2）交通流线组织图深度要求：主要动线、次要动线。

3）主要景观分析图深度要求：室内朝向面对的主要景观面，周边景观环境的分析。

4）天花布置图深度要求：包括排风机位置、出风及回风位置、电灯开关位置、灯具位置及检修口的布局规划。

5）地面材质图深度要求：包括地面面饰材料、图案及地面标高。

6）主要空间的立面图深度要求：需表明立面材料及造型的色彩和进退关系，可以是手绘图上色，也可以用电脑绘制。

7）效果图。

a.需反映出主要空间立面，3张以上。

b.其他可根据项目实际情况另行商定。

8）材料清单及实物样板。材料清单中需列明内容：①材料编号；②品种名称；③规格（长度、宽度、厚度）；④产地；⑤使用部位；⑥用量（m²）；⑦建议供应商信息（所建议供应商如为独家厂商，乙方应确保其材料供应、价格要符合甲方施工工期和成本造价的控制要求）。

（2）经甲方及相关顾问书面认可后方可认为该阶段工作完成。

3.施工图设计阶段

（1）装饰施工图提交成果。

1）图纸封面深度要求：包括项目名称、图纸名称、编制单位、编制时间。

2）图纸目录深度要求：包括图纸编号、图纸名称、图纸张号、图幅。

3）施工图设计说明深度要求：有关设计依据、设计规范、主要施工做法的说明、施工过程中应注意的技术性说明文字等。

4）材料明细表深度要求：包括材料编号、使用部位、主要规格等；严禁在施工图纸上提供供应商信息。

5）平面布置图深度要求：包括平面布局、家居布置、地面材质、地面高差；可将立面索引图合并在此图中，但不可索引任何剖面；尺寸标注在平面布置外围，包括建筑轴线尺寸、开间尺寸、进深尺寸、隔墙轴线尺寸及开间、进深的总尺寸。

6）地面材质图（铺地平面图）深度要求：地面面层材料的名称、种类、规格尺寸、地面标高；活动家具及可移动的地毯需删除，注意房间中的固定柜地面是否铺地材，需与施工中地面面材的施工范围一致；地面做法的大样、地面拼花的大样、地面高差或不同材质衔接的细部节点等在此图上索引。

7）隔墙定位图深度要求：包括隔墙使用材料、隔墙厚度、隔墙的轴线尺寸；不同材料隔墙的做法详图索引。

8）综合天花图深度要求：在天花图基础上绘制，包括灯具、空调、消防、智能化等机电末端点位和检修口的位置、尺寸。

9）立面图深度要求：包括立面造型、尺寸；面饰材料名称、尺寸；立面上房间门的名称、尺寸；电气开关插座等相对位置尺寸；造型的剖面结构索引、主要立面材料基层做法索引、立面上不同材料衔接的节点大样索引；立面图名称前的索引编号需对应平面图编号中的立面索引编号进行反向索引；最好绘制出立面两端的隔墙毛坯面及门洞、窗洞的结构剖面，便于核查电气开关插座位置尺寸，也便于核查墙面材料做法的厚度，更能直观识图。

（2）材料/部品选型设计提交成果。

1）柜及电器选型设计图册深度要求：含品牌、型

号、规格尺寸、材质、技术参数、供应商信息、价格信息。

2）灯具选型设计图册深度要求：含品牌、型号、规格尺寸、材质、技术参数、供应商信息、价格信息。

3）材料清单及实物样板深度要求：材料编号必须同施工图中的编号对应，其他要求同方案设计阶段。

4）卫浴器具及陈设品设计提交成果。卫浴器具及陈设品设计图册深度要求：内容包括活动器具、固定器具、装饰陈设品等，需提供布置图、意念图片和规格尺寸图或加工图（活动器具、固定器具）。

5）材料/部品选型设计需各提供A3幅面彩色图册3套；材料清单提供3份，真实材料/部品选型物样板1套。

（3）经甲方及相关顾问书面认可后方可认为该阶段工作完成施工服务阶段。

子项目 2　厨房设计专项

一、学习目标

（一）知识目标

（1）了解普通住宅厨房的设计方法。

（2）利用图式思维在设计方案阶段完成设计构思。

（3）掌握正确的设计成果表达方法。

（4）学会常见室内设计材料的使用方法。

（5）掌握厨房设计的配色方法。

（6）熟悉常用装修材料的构造作法。

（二）能力目标

通过理论教学与住宅空间设计的实践，了解普通住宅厨房空间的设计方法，学会如何针对客户要求进行市场调研，使学生获得自主设计能力。在将知识融会贯通的过程中，达到通过客户调研和合理构思独立完成设计方案以及策划的能力。

（三）素质目标

通过完整的项目实施过程，培养学生调研和沟通能力、团队合作能力及独立创作构思能力。

二、项目实施步骤

（一）项目调研

1.客户调研

学生分组分别模拟客户，及设计人员，完成客户调研后，汇总调研表，分析及整理调研结果，集合市场及网络调研结果，形成调研报告，为方案设计做准备。

（1）班级学生分组（表4-2）。

表 4-2　班级学生分组表

专业：　　　　　　班级：　　　　　　课程：　　　　　　时间：

组别	小组职务	成员姓名	任务分配	联系电话
第一组	组长			
	组员			
	组员			
	组员			
第二组	组长			
	组员			
	组员			
	组员			
第三组	组长			
	组员			
	组员			
	组员			
……	……			

（2）模拟问卷调研。

您的性别？（单选）

□男

□女

您的年纪？（单选）

□15～25岁

□26～35岁

□36～45岁

□46～60岁

您的家庭成员？（单选）

□2人

□3人

□4人

□5人以上

您对整体厨房的印象是？（单选）

□整体感强，给人感觉整齐、干净

□元素过于统一单调

□售后服务可能更加方便

□无印象

您家厨房的布局是？（单选）

□开放式

□半开放式

□封闭式

如果你家正在或正准备装修厨房，会选择品牌整体厨房还是橱柜或厨卫家电分开选购？（单选）

　□整体厨房

　□厨卫家电分开选购

您家厨房空间面积大约是多少？（单选）

□5m² 以下

□5～10m²

□10～15m²

□15～20m²

□20m² 以上

您平常买东西注意品牌么？（单选）

□视情况而定

□非常注重

□一般不注意

若您家的厨房装修（包括橱柜和厨房电器），您肯花多少钱来购置整体厨房（人民币）？（单选）

□2000～5000元

□5001～10000元

□10000～20000元

□20000～50000元

□50000元以上

您个人中意的厨房布局？（单选）

□开放式

□封闭式

□半开放式

在生活中，您认为厨房带给我们最大的乐趣是什么？（单选）

□每天回家，看见爱人为自己做饭很幸福

□在明亮而温馨的厨房里，为爱人烹制美味的早餐

□一起享受烹饪很有意义

您平常使用厨房的频率有多高？（单选）

□经常使用，每次都要1个小时

□每天差不多两次，每次时间不长半小时以内

□不一定，差不多每天一次

□很少使用，几天一次

您喜欢的厨房整体格调是？（单选）

□色彩热烈活泼

□色彩干净明亮

□色彩酷炫帅气

□色彩稳重内涵

您家厨房拥有的电器？（多选）

□抽油烟机

□消毒柜

□煤气灶

□电磁炉

□微波炉

□电烤箱

□多士炉（烤面包机）

□电饭煲

☐ 洗碗机

☐ 榨汁机

☐ 自动咖啡壶

☐ 电饼铛

请您指出您对自己厨房整体设施最不满意的是？

（可选填2个）

☐ 价格太贵

☐ 式样不好看

☐ 太占据厨房空间

☐ 烹饪效率很低

☐ 清洁不容易

☐ 做工粗糙

☐ 售后服务差

☐ 油烟、噪音等非常烦人

☐ 零件易损坏

您对厨房里的产品有什么要求？（单选）

☐ 美观，我想要厨房的空间氛围时尚而跳跃

☐ 实用，能做饭才是最关键的

☐ 价钱，我口袋还不宽裕，有的产品虽好但价格还是最重要的参考项

☐ 绿色环保，我决不能容忍厨房污染

☐ 没想过，厨房嘛，就按一般程序装修就好了，不用太费事

2.网络、市场调研

走访当地建筑材料市场、适当运用网络技术，进行厨房设计调研，汇总调研结果，结合客户调研，形成调研报告。

（二）策划设计方案

（1）搜集业主、户型信息。

（2）考察真实客厅装饰工程现场，测量住宅室内空间的数据，画出室内平面的草图，标明详细的尺寸，作为进行任务实施的依据。

（3）根据对设计项目的调研，有针对性地对空间特征与功能分析。

（4）明确设计任务和要求。

（5）填写业主要求意向表。

（6）沟通初步设计的意向对空间、风格定位的类型。

（三）方案草图设计

通过现场的考察，进行厨房和餐厅的方案设计，以及它们之间的过渡空间的设计，并绘出手绘方案草图。这个阶段，现场指导学生了解不同空间的特点和设计方法，并要求学生首先画出住宅平面布置草图，包括室内空间格局的更改、家具的布置、室内动线的安排等，并根据平面布置草图手绘各空间的方案草图。

（四）电脑施工图绘制

布置作业，学生在机房用 AutoCAD 软件绘制正式的平面布置图。

1.厨房平面布置图绘制要求

要将需摆放的厨房设施，用 AutoCAD 模块表现出来，熟练使用图例代号，也可用中文表明，另外需备注地面铺装材料尺寸和文字说明。注意：一定要将每个设施所占位置的尺寸标示准确。

2.厨房立面图绘制要求

通常绘制厨房的3个立面即可，绘制时注意：不同材料的区域需用相应的图块填充上，施工图纸上应有文字说明，并标注相关尺寸。

3.厨房剖面及节点详图绘制

厨房的剖面图主要是用来表达厨房内部或整体橱柜的垂直方向的结构形式、沿高度方向分层情况、各层构造做法、开孔的孔高、管道构造等，在绘制厨房剖面图时，图中应包括以下主要内容：

（1）图名、比例。

（2）剖切处各种构配件的材质符号。

（3）高度以及必需的局部尺寸的标注。

（4）详图的索引符号。

（5）必要的文字说明。

4.绘制厨房施工图需注意的问题

（1）合理利用空间位置和合理安排使用功能。

（2）在绘制施工图时，注意防水和各孔洞、插座位置、水口位置的预置安排。

（3）如原开发商预留的结构合理，则尽量不要做太

大的改动，因为那可能会破坏原有的防水层和预埋的管道，这将会给以后的使用带来很多问题。

（4）尺寸合理，无论是整体橱柜或是其他操作台面，一定要从符合人体工程学的角度出发，这样设计出的厨房空间才能够满足使用条件。

综上，厨房的施工图，应严格遵照国家有关规定的建筑施工图制法绘制，尺寸线轴线不可缺失，设施的制图尺寸比例准确，图例符号运用正确，文字说明配合得当，细节精确，能够体现出设计师的想法，并便于施工。

（五）电脑效果图绘制

学生使用 3ds Max，进行最终的效果图绘制。制作厨房的 3D 效果图时，应注意以下几点：

（1）材质、纹理、颜色的正确表现，如常见的木质、瓷砖、塑料等。

（2）尽量在效果图中，真实的体现实物的尺寸大小，方便观察比对。

（3）注意厨房效果图中光效插件的运用，如 V-RAY 等。

（4）如果平面图绘制准确，可以从平面图直接导入 3D 中制作效果图，更为方便快捷。

三、知识链接

厨房是指用作烹饪及准备食物的房间或房间区域，根据设计和面积的不同，有时也具备用餐、娱乐和待客等功能。

一个最基本的厨房，应该拥有烹饪用的炉灶。除此以外，现代社会的厨房通常还可能配备微波炉、电磁炉、烤箱、用于切配食物的操作台、用于清洗食物和提供烹调用水的水槽、存储餐具和食物的橱柜与冰箱等。相应的，餐具和食物通常也储存在厨房中或厨房附近。

虽然厨房的主要功能是烹饪或准备食物，根据它的设计结构、空间面积和配置设备的不同，它同时也可以拥有其他功能。这一情形在家庭厨房中尤其常见。例如，在厨房中设置一个洗衣机或烘干机，使其具备洗衣、干衣的功能；又如，当空间足够大时，在厨房中放置餐桌和椅子，使其成为家庭用餐的场所。

（一）厨房空间设计特点

厨房装修首先要注重它的功能性。打造温馨舒适厨房，一要视觉干净清爽；二要有舒适方便的操作中心：橱柜要考虑到科学性和舒适性，灶台的高度，灶台和水池的距离，冰箱和灶台的距离，择菜、切菜、炒菜、熟菜都有各自的空间，橱柜要设计抽屉；三要有情趣：对于现代家庭来说，厨房不仅是烹饪的地方，更是家人交流的空间，休闲的舞台，工艺画、绿植等装饰品开始走进厨房中，而早餐台、吧台等更加成为打造休闲空间的好点子，做饭时可以交流一天的所见所闻，是晚餐前的一道风景。

（二）厨房设计常用装饰材料

地面：厨房地面一般需要耐磨、防水、易清洁的材料，常用的材料有瓷砖、石材等。

顶面：厨房的顶面相对比较单一，主要用防水、易清洗的金属扣板，也可以用防水涂料。

立面：厨房的立面大部分可能被橱柜、操作台或者电器覆盖，其他部位一般使用耐磨、防水、易清洁的瓷砖或石材，立面空间的利用在厨房设计中比较重要。

灯具：一般都是便于清洁的嵌入式灯具。

洗涤区：双眼水斗、肥皂器、提拉花洒（冷热水分开）、沥水篮、垃圾桶、净水器。

切配区：刀具架、砧板收纳、干货储藏、挂式微波炉、果汁机、豆浆机、台面操作及储藏、柜下照明。

烹饪区：双眼炉灶、脱排、调味架、烹饪用具、置物架、洗碗机（或烤箱、消毒柜）、柜下照明。

储藏收纳区：内置式冰箱、红酒储藏、咖啡茶水类收纳。

（三）厨房使用的中西式分别

厨房从使用上可分为西式厨房和中式厨房，有些住宅两者都有，一般要看业主的生活习惯，开敞的西式厨房曾经流行过，但一般中国家庭还是更适合中式厨房，因为涉及中式菜肴的烹饪方式，煎炒油炸的油烟是一个问题，因此在设计方案初期，应当将以上问题考虑清楚后再进行下一步草图设计。

（四）厨房的基本类型

现代的厨房正由封闭式转向开敞式，并越来越多渗透到住宅的公共空间中，使进餐、起居和其他家庭活动变为相结合的关系；各类先进的厨房设备也改变了厨房的工作方式及形象。

1. 封闭型

我们通常所熟悉的厨房，多为封闭型。封闭型是用限定性较高的维护实体如墙体围合起来的空间，具有很强的领域感与私密性并对视觉及听觉具有较强的隔离性。典型的封闭式厨房把厨房作业的效率在第一位考虑，与就餐、起居、家事等空间是分隔开的。

2. 开敞型

开敞型是灵活性较大的区域，表现在空间的流动性和渗透性，更带有公共特质。它提供更多的室内外景观串联和更大的视野。不同功能的空间用家具相对隔开，空间流通，使用方便，比较经济适用。

（五）厨房设计的基本造型

按照利用率由高到低的排序，我们又将厨房造型分为以下几种。

1. U 形布局（三边形布局）

3 个立面为操作台面，人的动态空间在中间，另外一面为出入口，这种形状的厨房利用率最高（图 4-19）。这种布局是目前采用较多的一种布局方式，它是将清洗中心的水槽置于 U 字的底部，将贮藏区和烹饪区分别设置在 U 字的两侧，构成 U 形的布置方式。

图 4-19　U 形布局厨房

U 字形的布局只适合宽度在 2.2m 以上接近正方形的厨房，因此，中间往往留出较大的空间，用不好就白白地浪费了，那么索性就让它们发挥出功能来，为了更有就餐气氛，可以将这些部位略加改造，如在局部加宽台面或装一个折叠的桌子，使用起来更舒适方便一些。

2. 走廊式布局（双边形布局）

走廊式布局沿两边墙面平行布置，将其中两部分设施置于墙的一面，另一部分放在对面墙一边，端头部位可以搭一台板或餐桌，端头的台板不必在其下设柜橱，以保持通透感，使空间宽敞，也可以在端头布置餐桌，这种厨房的建筑本体一般在这个端头开有窗口。双排式布局适用于较大的长形厨房，操作时，除左右走动外，尚可转身使用各种设施（图 4-20）。

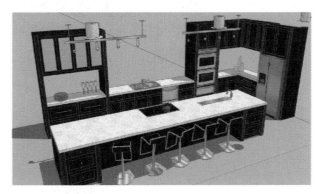

图 4-20　走廊式布局厨房

3. L 形布局

L 形布局为连续两个墙面做的垂直台面，相对上面两种它的面宽小，除去操作空间，只能够做一面台面。这种布置是比较常见的，因为它对于厨房面积的要求不是很高，比较常见，这类厨房的布置一般是把灶台和油烟机摆放在 L 形较长的一面，可把一小组地柜或者冰箱摆在 L 形较短的一面，如果空间可以的话，也可以在地柜旁放置一个可折叠的餐桌，可供两人就餐或者喝咖啡（图 4-21）。

4. "一"字形布局（单边式布局）

"一"字形布局将所有的电器和柜子都沿着一面墙放置，工作都在一直线上进行，这种紧凑、有效的窄厨房设计，适用于中小家庭，或者同一时间只有一个人在厨房工作的空间较窄小狭长的厨房，设计时把所有的设

图 4-21　L 形布局厨房

施都布置在一边，是利用空间的比较经济的手段。设计时有时会和餐室统一设计、统一布置、统一使用，往往利用屏风帷幔或柜橱等与其他空间分隔开来（图 4-22）。如果在大厨房运用这种设计，就可能造成不同功能之间的距离太大。可以考虑使用双排连壁柜或增加连壁高柜，最大限度地利用墙面空间。

图 4-22　"一"字形布局厨房

5. 半岛式布局（多边式布局）

厨房的设施除了沿两侧或三侧布置外，还有一侧向中间延伸，延伸的这部分设施通常为操作台案、洗涤水池或炉灶等（图 4-23）。这种布局的厨房一般兼作餐室，它除了具备转角式布局和三边式布局的特点外，还增添了家庭生活的浓厚气息。人们可以边做饭边吃，充分享用烹调过程中的香味。

这种形式的厨房面积要求较大，布局灵感其实是 U 形厨房的另一个版本，这种类似三角形的设计方式可以很好地利用厨房局促的操作空间，这种布局的一个缺点

图 4-23　半岛式布局厨房

是，它切断了从厨房到隔壁房间的开放性。但这种布局的重要特点是创造一个 36°～42° 的深柜半岛，可以作为一个座位或服务柜台使用。

因居室的建筑条件不同，厨房的平面布局不可能完全如以上方案中所述的标准布局，但我们在布局的策划之中能够充分顾及这三个方面的重要因素，则会产生相对合理和有效的布局方式。

（六）厨房设计中常见的问题及解决方法

1. 挑选橱柜

不同的橱柜面板可以搭配不同的风格，像原木的橱柜一般是偏向欧式，而水晶板和三聚氰胺板颜色比较丰富，可以做比较时尚风格的橱柜。客户一般要根据自己家居装修的整体风格来选购风格协调的橱柜。原木板表面通过优质油漆饰面处理加工而成，高贵、稳重，最适合制作欧式橱柜。烤漆板颜色非常鲜艳，表面光滑，看起来档次很高。防火板耐磨、耐高温、抗渗透、易清洁，而三聚氢氨板防火、防水又抗磨，而且颜色丰富，造型也非常时尚。

橱柜门板类型多样，不同类型的橱柜面板都有各自的优点，而橱柜的面板质量也会直接影响到日后的使用。一个橱柜少说也得用三五年，质量不好，经常修修补补，自己看着也烦心。所以，选择橱柜面板的时候除了根据房子的风格和自己的喜好来选款式以外，更应该选择信得过的品牌和质量好的面板。

（1）各个橱柜的基本材料配置。目前挑选橱柜在品

牌不成熟的阶段，主要看材料的配置和工艺水准（所谓的橱柜材料配置主要是为了保证橱柜的生产和安装所需的一些技术标准）。这里我们提一下关系安装的重要部件——吊码和调整脚，这两个部件在橱柜中都是比较隐蔽的部件，但是吊码在安装过程中所能保证的强度和可调整柜体水平和垂直度的能力，对于整体厨房装修对柜体的承重和将来门板的调整有特殊的意义，所以这种安装方式应成为橱柜的安装标准。

（2）看清橱柜公司的报价单，注意标准配置和选配件，有条件的应索取选配件的价格清单，注意加价计算部分，问清导购不要含糊并在报价中注明。如不清楚计价方式可再次询问，切勿草率下定，坚决维护自己的利益。

（3）设计师和导购的专业水准。橱柜是一个系统的工程，需要专业人员的服务。一个合格的专业橱柜设计师能在了解需求的情况下，营造一个良好的厨房文化。厨房平面图在下定前应和设计师和导购交流，看看他们的建议是否合理，是否专业？是否符合一定的的生活规律？选橱柜不仅在挑选产品更在挑选服务。完善的服务才能把橱柜的品质和风格体现在你的家中。

（4）橱柜的品质细节，在挑选橱柜时，应注意橱柜的细节，如门板的封边，柜体的牢固，板块的连接方式，门和抽屉开关的手感。所有门板和抽屉的水平和垂直缝隙是否挺直。

（5）了解橱柜的订购流程和售后承诺。对于橱柜这样的大件订购商品，细致的条款和售后承诺至关重要，只有了解橱柜公司的合同条款和售后承诺，才能更好地完成橱柜的订购过程，另外一个好的橱柜公司也应该有清晰和合理的流程条款和相应的售后承诺，建议在订购前先问橱柜公司拿一个样本合同并了解售后服务卡。

2.整体橱柜中水槽的选择

（1）水槽的深浅须要配合橱柜的空间，水槽的开槽深浅也是关乎造价的重要因素，往往是开槽越深成本越高，但选用时也要注重配合橱柜的空间。另外，水槽的空间越大，其应用率越高，这样的水槽适用性也更好一些。

（2）水槽的材质上有不锈钢、亚克力、陶瓷等，但注意板材不宜过厚。选择不锈钢水槽时，1.0mm厚水槽的板材足够运用了。太厚则强度过高也不见得就是好事，比方不警惕将碗掉进水槽时，水槽硬度过高会轻易地就把碗撞碎了。

（3）选择水槽当然是要选不锈钢材质的比较好（当然如今市面上也有陶瓷水槽，但个人以为除了更难看以外，其性能还是不如好的不锈钢水槽），而同样是不锈钢，还有201、202、304等不同标号之分，不同标号的不锈钢，性能和价钱区别也大，怎样能力辨别进去呢？

以前我们总是用磁铁来分别，可如今因为不锈钢型号越来越多，用磁铁已经无法辨别了，最好的方式是运用一种叫"不锈钢测定液"的药水，橱柜效果涂一滴就能分辨，这种药水市面上均有销售。304不锈钢是水槽最好的制作钢材，当然价钱也贵很多，其实201和202水槽也能用，只是用旧了外表就不会像304那样永远光亮如新了。

同样型号的不锈钢水槽，底部厚度要越厚越好，能够按压水槽水盆的底部来辨别水槽厚度。

选择好的不锈钢水槽，外表最好选拉丝效果的，不必选择那些喷砂、珍珠光之类的外表，那些外表很多是经过化学电解制作，有可能含有有害物资。

（4）配件虽小关系严重，抉择水槽另外一个因素是配件，配件的好与坏间接关系到日后维修保养的成本，上水管材的密封度、耐侵蚀性是关系日后是否漏水的重要因素；水槽的款式与厨房的装修风格和色彩相契合，水槽的款式也须要配合全部厨房的款式和色彩。

3.厨房装饰选材

厨房的使用率非常高的，生活中洗菜、做饭都需要用到水，厨房成了一个容易潮湿的地方。另外，炒菜时出现的高温和油烟，也要求厨房不仅要防潮、防火，还要解决清理油烟积下的污垢。因此，装修厨房选材时一定要下一番工夫。为此，我们列出以下几种厨房装饰选材方法。

（1）地面材料。当代人在装修中对材料要求非常考究，有些人为了达到室内地材的统一，在厨房也使用了花岗岩、大理石等天然石材。专家指出，虽然这些石材坚固耐用，华丽美观，但是天然石材不防水，长时间有水点溅落在地上会加深石材的颜色，变成花脸。如果大面积打湿后会比较滑，容易跌倒。因此，潮湿的厨房地面建议最好少用或不用天然石材。

另外，实木地板、强化地板虽然工艺一直在改进，但最致命的弱点还是怕水和遇潮变形。目前在厨房里用得比较多的材料还是防滑瓷砖或通体砖，既经济又实用。提醒，在装修厨房选购材料时要充分考虑防潮功能。

（2）墙面材料。厨房墙壁应选购方便清洁、不易沾油污的墙材，还要耐火、抗热变形等。目前，成都各大建材市场里可供选择的有防火塑胶壁纸、经过处理的防火板等，但最受欢迎的仍是花色繁多、能活跃厨房视觉的瓷砖。瓷砖独特的物理稳定性，耐高温、易擦洗等特点都是它长期占据厨房墙面主材的原因。

（3）顶面材料。无论天花板选择哪种材质，一定要防火和不变形。而目前成都建材市场供厨房用的天花板材料主要是塑料扣板和铝扣板。其中，塑料扣板价格便宜，但供选择的花色少。铝扣板非常美观，常见的有方板和长条板，喷涂的颜色丰富，选择余地大，但价格较贵。另外特别提醒，如果采用吸顶灯，在把灯镶嵌在天花板里时要做出隔层，预防灯产生的热量把天花板烤变形。

（七）厨房常见风格及配色

1. 古典主义风格厨房

古典主义风格厨房对生产工艺和手工的要求都非常高，其中最特出的就是它的橱柜。古典橱柜不同的原木色泽与纹理，使它的造型风雅优美，富于变化。其在纯实木材质框架和门板上设计的装饰图案大量运用几何图形，所有图形均为手工雕刻而成，再

加以手工涂漆和打磨（图4-24）。

2. 乡村风格厨房

朴素、宁静甚至带有些许乡土气息的"乡村派"设计日益成为时尚的潮流。乡村风格橱柜便是这样，突出了生活的舒适和自由。尤其是在色彩选择上，自然、怀旧、散发着浓郁泥土芬芳的色彩成为乡村风格的典型特征（图4-25）。

3. 简约风格厨房

"极简主义"的生活哲学普遍存在于当今流行文化中。简约厨房的最大特色便是形式简洁。体现在厨房设

图4-24 厨房设计一

图4-25 厨房设计二

计上,大多为简单的直线,横平竖直,减少了不必要的装饰线条,用简单的直线强调空间的开阔感,而且简约风格橱柜讲求功能至上,形式服从功能。色调偏冷,给人以清爽之感(图4-26)。

图4-26 厨房设计三

4.现代风格厨房

依靠新材料、新的科技元素加上光与影的无穷变化,追求无常规的空间解构,大胆运用对比鲜明的色彩,以及搭配刚柔并济的选材,这便是现代风格厨房(图4-27)。

图4-27 厨房设计四

5.新古典主义风格

新古典主义在厨房中有着丰富的表现方式。可以用在外观优雅、以浅木色调为主的厨房里,也可以用在强调自然、深色家具更为多见的厨房里。柔和的灯光能为空间带来温馨的家庭氛围。橱柜边角与桌子底座等细节部分正是体现个性之处。烤箱、洗碗机等电器为这里带来了现代化的气息。华丽、优雅、简洁是新古典主义的代名词,柜体上摆放的各种精美餐具,让空间散发出几分亲和力。充满欧式古典风情的花纹与图案,让这里的每一块砖、每一条腰线,以及一件件餐具仿佛都传递着悠远的历史(图4-28)。

图4-28 厨房设计五

6.地中海风格

通常,地中海风格的家居,会采用这么几种设计元素:白灰泥墙,连续的拱廊与拱门,陶砖、海蓝色的屋瓦和门窗。当然,设计元素不能简单拼凑,必须有贯穿其中的风格灵魂。地中海风格的灵魂,目前比较一致的看法就是"蔚蓝色的浪漫情怀,海天一色、艳阳高照的纯美自然"(图4-29)。

图4-29 厨房设计六

7. 新中式风格

与开放式、餐厨合一的西式厨房不同，中式厨房则完全采用了密闭式的设计，加上马力强劲的抽油烟机，保证厨房的油烟顺利排向室外，而不会在家居空间里滞留。中式厨房以简洁为美，注重橱柜的收纳功能，除了实用性的烹饪用具外，厨房内也比较少摆放一些精致的装饰品（图4-30）。

图4-31 厨房设计八

格的厨房装修取材上以实木为主，主要以柚木（颜色以褐色及深褐色居多）为主，搭配藤制家具以及布衣装饰（点缀作用）。

在线条表达方面，比较接近于现代风格，以直线为主，主要区别是在软装配饰品及材料上，现代风格的家具往往都是金属制品，机器制品等，而东南亚风格的主要材料主要用的就是实木跟藤制。

在配色方面，比较接近自然，采用一些原始材料的色彩搭配。东南亚风格家具最常使用的实木、棉麻以及藤条等材质，将各种家具包括饰品的颜色控制在棕色或咖啡色系范围内，再用白色全面调和，厨房的装修也有这同样的色彩特点，橱柜的颜色一般都是取棕色或咖啡色，再配以白色瓷砖搭配。

东南亚风格的厨房在设计上还是遵循东南亚风格的主流，受到东方文化以及西方现代概念的影响，通过不同的材料和色调搭配，令东南亚风格设计在保留了自身的特色之余，产生更加丰富多彩的变化。

东南亚风格是一个结合东南亚民族岛屿特色及精致文化品位相结合的设计。多适宜喜欢静谧与雅致、文化修养较高的成功人士。东南亚风格的厨房设计典雅温馨，人性化的设计让我们的生活变得更加方便（图4-32）。

10. 韩式田园风格

韩式田园风格，经常采用含蓄优雅的韩国女性喜欢的暖色搭配，粉蓝、粉绿、粉紫、粉黄等淡雅的色彩，还有城市的浅米色、浅咖啡色调也相当流行。所传达的是一种优雅品位，这种淡雅温馨的颜色被运用到室内设

图4-30 厨房设计七

8. 北欧风格

北欧风格是指欧洲北部国家挪威、丹麦、瑞典、芬兰及冰岛等国的艺术设计风格，斯堪的纳维亚半岛的家居设计一直受到世界各地人们的追捧。北欧风格以简洁著称于世，并影响到后来的"极简主义"、"简约主义"、"后现代"等风格。在20世纪风起云涌的"工业设计"浪潮中，北欧风格的简洁被推到极致。北欧风格的厨房设计强调自然采光、清晰线条以及典雅的色彩运用，追求传统与现代感之间的完美平衡（图4-31）。

9. 东南亚风格厨房

由于地处多雨富饶的热带，南亚家具大多就地取材，比如印度尼西亚的藤马来西亚河道里的风信子海藻等水草以及泰国的木皮等纯天然的材质。所以东南亚风

图4-32　厨房设计九

图4-33　厨房设计十

计中。白色被认为是纯洁的色彩，是浪漫的象征。所以在整套设计中，家私的颜色多用带有现代感的花朵图案和软装饰，它与线条柔美的白色家居搭配得非常和谐（图4-33）。

韩式厨房一般是开敞的（由于其饮食烹饪习惯），同时需要有一个便餐台在厨房的一隅，还要具备功能强大又简单耐用的厨具设备，如水槽下的残渣粉碎机，烤箱等。需要有容纳双开门冰箱的宽敞位置和足够的操作

台面。在装饰上也有很多讲究，如喜好仿古面的墙砖、厨具门板喜好用实木门扇或是白色模压门扇仿木纹色。另外，厨房的窗也多配置窗帘等。

（八）厨房设计中常用尺寸

1.整体橱柜的标准尺寸汇集

橱柜设计应高度适中。橱柜距离地面的高度应在70～80cm为宜，此高度可以减少下厨者弯腰程度，有效缓解疲劳，适合身高1.55～1.75m的业主使用。此外，灶台的高度以距地面70cm左右为宜，最好把灶台镶嵌在橱柜台面里，此做法不会抬高灶台与地面的高度。

吊柜尺寸设计要合理。吊柜的高度以50～60cm为宜，深度30～45cm为宜，柜子的间隔宽度不大于70cm，操作台上方的吊柜要能使主人操作时不碰头为宜，吊柜与操作台之间的距离应在55cm以上。

（1）橱柜靠墙和转角的地方设计封板40～80mm。

（2）改级位和柱位的柜子要设计留单，尺寸适当放大。

（3）设计的柜子要与橱柜的实际尺寸少20～40mm。

（4）设计的封板和台面要求橱柜的实际尺寸大20～40mm。

L形橱柜通用的算法就是两个边相加减去中间重合部分台面的宽度就是整套橱柜的总长，如果接头处有公用烟道的话，如果烟道比较大，直接将两接头到烟道每边的长度相加就行了。要充分考虑客户的实际需要和实际厨房空间作出合理的安排，尽量避免出现设计一些异形，尖角的厨房。

2.炉位的设计

（1）离排烟孔的烟管不能长于3m。

（2）煤气管离炉位不能少于300mm，又不能长于2m。

（3）炉位的方向最好坐西向东，坐北向南。

（4）炉位设计尽量不要正对门。

（5）炉位设计左右靠强的位置不能小于150mm。

（6）炉位与洗物柜之间的距离要有600mm以上的距离最佳。

（7）油烟机，炉位和炉柜要做到三对中。

（8）炉位的柜子一般长800mm和900mm。

（9）炉头的功能，一般用脉冲、干电池或交流电。

（10）炉头下面有电器时要做隔板，炉位要与露头下面。

3.水盆柜的设计

（1）要设计在光线好的地方。如窗户。落地玻璃的位置。

（2）要设计在离排水口较近的位置。

（3）设计时尽量不要改动进水管。

（4）水盆柜与炉柜之间的距离要有600mm以上的距离。

（5）大、小盆的柜子尺寸为900～1000mm。

（6）单盆的柜子尺寸为500～600mm。

4.未来厨房设计趋势

通过对当前厨房设计与设备分析来看，总结归纳出未来厨房设计发展倾向具有以下几个特点。

（1）沟通交流能力。厨房除了是满足人们日常生活需求而建造的家庭劳动空间外，同时也是家人、朋友间沟通交流的场所。不仅可以促进家人之间的和谐相处，还能维系到访朋友、贵宾之间的情感。

（2）惬意感。厨房与用餐环境类似于家庭其他卧室，要体现出干净、明亮、美观的效果，只有这样，才能给使用者提供一个舒适的劳动空间，惬意、高雅的进餐氛围以及足够的空间来储藏食物，进而满足家庭日常所需与宽待他人。

（3）科技化。越来越多的科技元素融入到厨房中，将与厨房相关的设备科技化，最大限度地减少烹饪时间和操作流程。因此，在厨房设计过程中，需要在厨房留有足够的空间，以便于对家用电器及材料进行更换与清洁。

（4）功能多元化。厨房与用餐室应具有多元化功能，以便在招待亲朋好友时，还能方便大家看电视、打电话等，提高厨房的使用率。

（5）模式多样化。在厨房设计过程中，应当全面综合各种影响因素，包括厨房平面设计，管线安排、洞口尺寸等。其中要为设备、家具的放置留有足够的空间，以便家具、设备的更换或改变位置。而台面与柜体等用具的摆放，应当保持统一性，进而实现相互调换功能，便于应对不同家庭的生活方式。

（6）数字信息功能。在未来，厨房的功能已不仅仅是烹饪食用，而是提升到了需要使用信息化环境的高度，数字化厨房将成为未来厨房发展的主流趋势。

（7）个性化。随着社会经济的跨越式发展，人们对物质生活提出了更高的要求，不难发现，现阶段厨房设计越来越注重使用者的个性化布设。相较于西方发达国家，我国个性化的厨房设计相对落后，且缺乏创新元素，这一情况的存在，致使西方的设计理念和风格逐渐成为我国设计的主要借鉴对象。在此基础上，简单、创新、个性化的厨房设计理念充斥着中国厨房市场。

设计创新之路包括构思、转变成实体这一流程，厨房设计的未来趋势首先需改变传统设计概念，将信息数字化、科技化、个性化等特点融合到设计理念中，从而使得设计出的新式厨房能够顺应时代潮流，满足社会与人们日常生活需求。

四、项目检查表

项目检查表				
实践项目		卫浴、厨房设计专项		
子项目	厨房设计专项	工作任务		厨房空间规划设计
检查学时		0.5 学时		
序号	检查项目	检查标准	组内互查	教师检查
1	手绘方案草图	是否详细、准确		
2	电脑施工图	是否齐全		
3	电脑效果图	是否合理		
检查评价	班 级		第 组	组长签字	
	教师签字		日 期		
	评语：				

五、项目评价表

项目评价表						
实践项目		卫浴、厨房设计专项				
子项目	厨房设计专项	工作任务		厨房空间规划设计		
评价学时		1 学时				
考核项目	考核内容及要求	分值	学生自评（10%）	小组评分（20%）	教师评分（70%）	实得分
设计方案	方案合理性、创新性、完整性	50				
方案表达	设计理念表达	15				
完成时间	3 课时时间内完成，每超时 5min 扣 1 分	15				
小组合作	能够独立完成任务得满分	20				
	在组内成员帮助下完成得 15 分					
总分		100				
项目评价	班 级		姓 名		学号	
	教师签字		第 组	组长签字		
	评语：					
	日 期					

六、项目总结

整理调研结果，对厨房空间进行草图规划，结合观察到的施工工艺，绘制厨房空间的天棚平面图、立面图、剖面图、节点详图等需要了解施工工艺的图纸，作出详细的尺寸标注和材料注释，并附带方案的设计说明，最终完成设计方案图纸。以上实践课程的内容是根据实际设计流程来进行，当学生对具体的施工工艺不了解时，应及时返回施工现场观摩，结合具体操作能加深理解。

七、项目实训

（一）实训内容

（1）项目名称：厨房。

（2）设计区域：厨房、餐厅。

（3）设计面积：5～15m²。

（二）实训总体要求

为厨房设计进行方案策划、手绘效果图设计、装饰施工图设计、灯具造型搭配设计、电器造型搭配设计、橱柜及陈设品设计。

（三）实训进度计划

1. 概念设计阶段

（1）概念设计提交成果：概念设计展示板或图册。

1）概念设计构思说明深度要求：设计主题阐述以文字说明的形式出现，包括：设计师对本项目的理解及建议，详细表明如何利用各种设计手法满足投资者、使用者的要求和满足国家及地方的有关政策要求。

2）平面布置图深度要求：根据甲方提出的使用要求，对各功能分区、满足功能要求的设施设备、交通流线的组织做出的初步规划。

3）装饰风格意向图片深度要求：用以阐述设计师对厨房空间设计项目方向性把控的图片集合，包括装饰构件、橱柜、工艺灯具、陈设品等。可以穿插手绘表现图，但主要以实景照片为主。

4）主要装饰材料、装饰品的列表深度要求：主要材料、装饰的实物照片、产地、规格、使用部位等信息。

（2）甲方书面认可后，方可认为该阶段工作完成。

2. 方案（深化）设计阶段

（1）方案（深化）设计阶段提交成果。

1）平面布置图深度要求：使用面积、地面材质、橱柜布置。

2）交通流线组织图深度要求：主要动线、次要动线。

3）主要景观分析图深度要求：室内朝向面对的主要景观面，周边景观环境的分析。

4）橱柜布置图深度要求：包括所有固定及活动橱柜的平面布置，有编号及对应编号的说明。

5）天花布置图深度要求：包括排风机位置、出风及回风位置、电灯开关位置、灯具位置的布局规划。

6）电气布局平面图深度要求：包括电器设备插座位置、强弱电户内箱位置的布局规划。

7）地面材质图深度要求：包括地面面饰材料、图案及地面标高。

8）主要空间的立面图深度要求：需要表明立面材料及造型的色彩和进退关系，可以是手绘图上色，也可以用电脑绘制。

9）效果图。

a. 需要反映出主要空间立面，3张以上。

b. 其他可根据项目实际情况另行商定。

10）材料清单及实物样板。材料清单中需列明内容：①材料编号；②品种名称；③规格（长度、宽度、厚度）；④产地；⑤使用部位；⑥用量（m²）；⑦建议供应商信息（所建议供应商如为独家厂商，乙方应确保其材料供应、价格要符合甲方施工工期和成本造价的控制要求）；⑧备注（地毯颜色、花纹、材质等信息；石材的表面处理；墙纸的肌理等）。

实物样板要求用A1幅面KT板制作，其上粘贴材料实样：①石材（300mm×300mm，周边磨5mm、宽45°斜边）；②瓷砖（300mm×300mm，周边磨5mm、宽45°斜边）；③饰面板（300mm×300mm）。

（2）经甲方及相关顾问书面认可后方可认为该阶段工作完成。

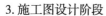

3. 施工图设计阶段

（1）装饰施工图提交成果。

1）图纸封面深度要求：包括项目名称、图纸名称、编制单位、编制时间。

2）图纸目录深度要求：包括图纸编号、图纸名称、图纸张号、图幅。

3）施工图设计说明深度要求：有关设计依据、设计规范、主要施工做法的说明、施工过程中应注意的技术性说明文字等。

4）材料明细表深度要求：包括材料编号、使用部位、主要规格等；严禁在施工图纸上提供供应商信息。

5）平面布置图深度要求：包括平面布局、家居布置、地面材质、地面高差；可将立面索引图合并在此图中，但不可索引任何剖面；尺寸标注在平面布置外围，包括建筑轴线尺寸、开间尺寸、进深尺寸、隔墙轴线尺寸及开间、进深的总尺寸。

6）地面材质图（铺地平面图）深度要求：地面面层材料的名称、种类、规格尺寸、地面标高；活动家具及可移动的地毯需删除，注意房间中的固定柜地面是否铺地材，需与施工中地面面材的施工范围一致；地面做法的大样、地面拼花的大样、地面高差或不同材质衔接的细部节点等在此图上索引。

7）隔墙定位图深度要求：包括隔墙使用材料、隔墙厚度、隔墙的轴线尺寸；不同材料隔墙的做法详图索引。

8）综合天花图深度要求：在天花图基础上绘制，包括灯具、空调、消防、智能化等机电末端点位和检修口的位置、尺寸。

9）立面图深度要求：包括立面造型、尺寸；面饰材料名称、尺寸；立面上房间门的名称、尺寸；电气开关插座等相对位置尺寸；造型的剖面结构索引、主要立面材料基层做法索引、立面上不同材料衔接的节点大样索引；立面图名称前的索引编号需对应平面图编号中的立面索引编号进行反向索引；最好绘制出立面两端的隔墙毛坯面及门洞、窗洞的结构剖面，便于核查电气开关插座位置尺寸，也便于核查墙面材料做法的厚度，更能直观识图。

（2）材料／部品选型设计提交成果。

1）橱柜及电器选型设计图册深度要求：含品牌、型号、规格尺寸、材质、技术参数、供应商信息、价格信息。

2）灯具选型设计图册深度要求：含品牌、型号、规格尺寸、材质、技术参数、供应商信息、价格信息。

3）材料清单及实物样板深度要求：材料编号必须同施工图中的编号对应，其他要求同方案设计阶段。

4）厨房家具及陈设品设计提交成果。厨房家具及陈设品设计图册深度要求：内容包括活动家具、工艺灯具、装饰陈设品等，需提供布置图、意念图片和规格尺寸图或加工图（活动家具、工艺灯具）。

5）材料／部品选型设计需各提供 A3 幅面彩色图册 3 套；材料清单提供 3 份，真实材料／部品选型物样板 1 套。

（3）经甲方及相关顾问书面认可后方可认为该阶段工作完成施工服务阶段。

项目五　住宅照明、软装饰设计专项

子项目1　住宅照明设计专项

一、学习目标

（一）知识目标

（1）了解普通住宅室内照明的设计方法。

（2）利用图式思维在设计方案阶段完成设计构思。

（3）掌握正确的设计成果表达方法。

（4）熟悉常用室内照明灯具的安装方法。

（二）能力目标

通过理论教学与住宅空间设计的实践，了解普通住宅照明设计方法，学会如何针对客户要求进行市场调研，使学生获得自主设计能力。再将知识融会贯通的过程中，达到通过客户调研和合理构思独立完成设计方案以及策划的能力。

（三）素质目标

通过完整的项目实施过程，培养学生调研和沟通能力、团队合作能力及独立创作构思能力。

二、项目实施步骤

（一）项目调研

1.客户调研

学生分组分别模拟客户及设计人员，完成客户调研后，汇总调研表，分析及整理调研结果，集合市场及网络调研结果，形成调研报告，为方案设计做准备。

（1）班级学生分组（表5-1）。

表 5-1　班级学生分组表

专业：　　　　　　　班级：　　　　　　　课程：　　　　　　　时间：

组别	小组职务	成员姓名	任务分配	联系电话
第一组	组长			
	组员			
	组员			
	组员			
第二组	组长			
	组员			
	组员			
	组员			
第三组	组长			
	组员			
	组员			
	组员			
……	……			

（2）调研问卷。随着生活水平的提高，人们对家居照明的认识和要求也随之提高，为了更好地进行照明设计，现模拟照明设计公司面向客户群进行此次问卷调研。

您家的户型是：

□三室两厅　□两室一厅　□三室一厅　□其他

您的房子的装修风格是：

□现代简约　□古典风格　□时尚个性　□其他

您对家里照明的要求的侧重点是：

□基础照明　□健康环保　□华丽装饰　□其他

您对灯具主要关注那些方面依次是：（1-2-3-4-5）

□价格　□质量　□售后　□款式　□品牌

您近期是否有购买灯具的计划：

□是　　　　　　　　　□否

您计划在家居照明方面的投入预算是：

□ 1000 元以下　　　　□ 1000 ～ 3000 元

□ 3000 ～ 5000 元　　□ 5000 元以上

您选灯之前会关注家中的照明设计吗？

□是　　　　　　　　　□否

您平时了解什么样的灯的光线更健康吗？

□了解　　　　　　　　□不了解

您平时了解家居照明设计吗？

□了解　　　　　　　　□不了解

您是通过什么渠道了解家居照明设计的？

□广告　　　□专业市场　　□朋友介绍

□小区推广　□其他

姓名：　　　电话：　　　小区：　号　楼　室

感谢您的参与！

2. 网络、市场调研

走访灯具、建材及家居市场，观察不同档次的样板房，了解现今市面上灯具种类、灯具风格、施工工艺等主要室内照明设计手段，认真总结并以书面方式汇报调研结果。

认真查阅网络中关于照明设计风格、施工、管网布线等相关内容，并做整理，汇总至调研报告中。

（二）策划设计方案

室内照明是室内环境设计的重要组成部分，室内照明设计要有利于人的活动安全和舒适的生活。在人们的生活中，光不仅仅是室内照明的条件，而且是表达空间形态、营造环境气氛的基本元素。冈那·伯凯利兹说："没有光就不存在空间。"光照的作用，对人的视觉功能极为重要。室内自然光或灯光照明设计在功能上要满足人们多种活动的需要，而且还要重视空间的照明效果。

策划方法如下：

（1）搜集业主、户型信息。

（2）考察真实软装饰工程现场，测量住宅室内空间的数据，画出室内平面的草图，标明详细的尺寸，作为进行任务实施的依据。

（3）根据对设计项目的调研，有针对性地对空间特征与功能分析。

（4）明确设计任务和要求。

（5）填写业主要求意向表。

（6）沟通初步设计的意向对空间、风格定位的类型。

（三）方案草图设计

通过现场的考察，进行方案设计。规划住宅中各空间照明设计，并绘出手绘方案草图。这个阶段，现场指导学生了解不同空间的特点和照明设计方法，并要求学生首先画出住宅平面布置草图，包括室内空间格局的更改、家具的布置、室内动线的安排等，并根据平面布置草图及天花平面图手绘各空间的照明设计方案草图。

（四）电脑施工图绘制

布置作业，学生在机房用 AutoCAD 软件绘制室内照明施工图。在利用 AutoCAD 软件绘制照明施工图时，应注意照明施工图例与平常的建筑施工图例略有不同，照明电器符号要正确绘制，电网布线要合理合法。

（五）电脑效果图绘制

利用 3ds Max、DIALux 或其他照明设计软件，绘制主要空间的照明设计效果图。注意光域网的应用、布灯角度的摆放、发光强度的设置等，这些都会直接影响到

后期的图像效果。

DIALux 是一个灯光照明设计软件。此软件可免费获得，并适用于所有灯具厂家提供的灯具。DIALux 是当今市场上最具功效的照明计算软件，它能满足目前所有照明设计及计算的要求。同时，它所有的更新升级版都供每个用户免费使用。

三、知识链接

（一）室内照明设计的定义及分类

室内照明设计是指对室内利用灯光照明达到的照明效果的设计方案；室内照明发展是根据市场的变化和设计的已经成为古典和现代相交融；写实和抽象相融合；动态和静态相呼应；明亮和昏暗相搭配，构建和谐、轻松、安宁、平静、动感多元的环境空间。

室内常用的有如下几种照明方式，根据灯具光通量的空间分布状况及灯具的安装方式，室内照明方式可分为 5 种（表 5-2）。

表 5-2　室内灯具型号划分

型号	照明类型	光通比（%）	
		上半球	下半球
A	直接型	0 ~ 10	100 ~ 90
B	半直接型	10 ~ 40	90 ~ 60
C	漫射（均匀扩散）型	40 ~ 60	60 ~ 40
D	半间接型	60 ~ 90	40 ~ 10
E	间接型	90 ~ 100	10 ~ 0

1. 直接型照明

光线通过灯具射出，其中 90% ~ 100% 的光通量到达假定的工作面上，这种照明方式为直接照明。这种照明方式具有强烈的明暗对比，并能造成有趣生动的光影效果，可突出工作面在整个环境中的主导地位，但是由于亮度较高，应防止眩光的产生。如工厂、普通办公室等（图 5-1）。

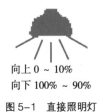
向上 0 ~ 10%
向下 100% ~ 90%
图 5-1　直接照明灯

2. 半直接型照明

半直接照明方式是半透明材料制成的灯罩罩住光源上部，60% ~ 90% 以上的光线使之集中射向工作面，10% ~ 40% 被罩光线又经半透明灯罩扩散而向上漫射，其光线比较柔和。这种灯具常用于较低的房间的一般照明。由于漫射光线能照亮平顶，使房间顶部高度增加，因而能产生较高的空间感（图 5-2）。

向上 10% ~ 40%
向下 90% ~ 60%
图 5-2　半直接型照明

3. 间接型照明

间接照明方式是将光源遮蔽而产生的间接光的照明方式，其中 90% ~ 100% 的光通量通过天棚或墙面反射作用于工作面，10% 以下的光线则直接照射工作面。通常有两种处理方法：一种是将不透明的灯罩装在灯泡的下部，光线射向平顶或其他物体上反射成间接光线；另一种是把灯泡设在灯槽内，光线从平顶反射到室内成间接光线。这种照明方式单独使用时，需注意不透明灯罩下部的浓重阴影。通常和其他照明方式配合使用，才能取得特殊的艺术效果。商场、服饰店、会议室等场所，一般作为环境照明使用或提高景亮度（图 5-3）。

向上 90% ~ 100%
向下 10% ~ 0
图 5-3　间接型照明

4. 半间接型照明

半间接照明方式，恰和半直接照明相反，把半透明的灯罩装在光源下部，60% 以上的光线射向平顶，形成间接光源，10% ~ 40% 部分光线经灯罩向下扩散。这种方式能产生比较特殊的照明效果，使较低矮的房间有增高的感觉。也适用于住宅中的小空间部分，如玄关、过道、服饰店等，通常在学习的环境中采用这种照明方式，最为相宜（图 5-4）。

向上 60% ~ 90%
向下 40% ~ 10%
图 5-4　半间接型照明

5. 漫射（均匀扩散）型照明

漫射照明方式，是利用灯具的折射功能来控制眩光，将光线向四周扩散漫散。这种照明大体上有两种形式，一种是光线从灯罩上口射出经平顶反射，两侧从半透明灯罩扩散，下部从格栅扩散。另一种是用半透明灯罩把光线全部封闭而产生漫射。这类照明光线性能柔和，视觉舒适，适于卧室（图5-5）。

向上 40% ~ 60%
向下 60% ~ 40%

图5-5　漫射型照明

（二）室内照明常见光源

光照是人类认识世界、改造世界的必备条件，人在室内活动时也需要充足的光照，但自然光并不是时时处处都有的，我们可以通过调整和改造照明来补充自然光的时间和空间缺陷。室内照明可以分为天然采光和人工照明两大部分。

1. 光源的分类

（1）自然光源。通常将室内对自然光的利用，称为自然采光。采用此种光源可以节约能源，并且在视觉上更为习惯和舒适，心理上更能与自然接近、协调，但它受时间、气候、季节以及地域的限制，在没有自然光的情况下，可以通过人工光源照明（图5-6）。

图5-6　自然光照明效果

（2）人工照明。人工照明也就是可发光的物体进行室内照明，常指灯光照明。它是夜间主要光源，同时又是白天室内光线不足时的重要补充。

人工照明可以较自由地调整光的方向、颜色，是世界上使用最广泛的照明方式。它是随着人类的文明、科学技术的发展而逐渐制造出来的光源，按先后出现顺序分别有了：火把、油灯、蜡烛、电灯（白炽灯、日光

灯、高压氙灯）等。

人工照明除必须满足功能上的要求外，有些以艺术环境观感为主的场合，如大型玄关、休息室等，应强调艺术效果。因此，不仅在不同场所的照明（如工业建筑照明、公共建筑照明、室外照明、道路照明、建筑夜景照明等）上要考虑功能与艺术效果，而且在灯具（光源、灯罩及附件之总称）、照明方式上也要考虑功能与艺术的统一。

（3）自然光照明系统。近20年来，自然光导入技术在国外已成熟应用于民用、商用及工业等建筑领域。

1）自然光照明系统工作原理。室外的采光装置捕获室外的日光，并将其导入系统内部，然后经过光导装置强化并高效传输后，由漫射器将自然光均匀导入室内需要光线的任何地方。从黎明到黄昏，甚至是阴天或雨天，该照明系统导入室内的光线仍然十分充足（图5-7）。

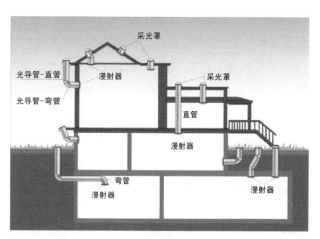

图5-7　自然光照明系统

2）自然光照明系统照明的优点。

a. 节能。可取代白天的电力照明，无能耗，一次性投资，无需维护，节约能源，创造效益。

b. 环保。照明光源为自然光线，采光柔和、均匀，光强可以根据需要实时调节，全频谱、无闪烁、无眩光、无污染，并可滤除有害辐射，最大限度地保护您的身心健康。

c. 健康。科学研究证明，自然光线照明具有更好的视觉效果和心理作用，并且有益于改善室内环境，增强

人体健康。

d. 安全。采光系统无需配带电器设备和传导线路，避免了因线路老化引起的火灾隐患，且系统设计先进，具有防水、防火、防盗、防尘、隔热、隔音、保温以及防紫外线等特点。

e. 时尚。外观时尚、大方，创造低耗能、高舒适度的健康办公、娱乐、居住室外屋顶的采光装置、光传导部分（导光管）、室内的漫射器。

2. 常见人工照明光源

（1）白炽灯。19世纪后半叶，人们开始试制用电流加热真空中灯丝的白炽电灯泡。1879年，美国的T.A.爱迪生制成了碳化纤维（即碳丝）白炽灯，率先将电光源送入家庭。1907年，A.贾斯脱发明拉制钨丝，制成钨丝白炽灯。随后不久，美国的I.朗缪尔发明螺旋钨丝，并在玻壳内充入氮，以抑制钨丝的挥发。1915年发展到充入氩氮混合气。1912年，日本的三浦顺一为使灯丝和气体的接触面尽量减小，将钨丝从单螺旋发展成双螺旋，发光效率有很大提高。1935年，法国的A.克洛德在灯泡内充入氪气、氙气，进一步提高了发光效率。1959年，美国在白炽灯的基础上发展了体积和光衰极小的卤钨灯。白炽灯的发展史是提高灯泡发光效率的历史。白炽灯生产的效率也提高得很快。80年代，普通白炽灯高速生产线的产量已达8000只/h，并已采用计算机进行质量控制（图5-8、图5-9）。

图5-8 白炽灯泡一　　图5-9 白炽灯泡二

1）优点。光源小、便宜。白炽灯（包含卤素灯）的光谱是连续而且平均的，拥有极佳演色性的优点；而荧光灯、LED是离散光谱，演色性低，低演色性光源不

但会让人觉得颜色不好看、对于健康及视力也有害。传统灯泡还有可调光、耐点灭及无汞的优点。

另外它具有种类极多的灯罩形式，并配有轻便灯架、顶棚和墙上的安装用具和隐蔽装置。通用性大，彩色品种多。具有定向、散射、漫射等多种形式。能用于加强物体立体感。白炽灯的色光最接近于太阳光色，显色性好，光谱均匀而不突兀。

最重要的是白炽灯有一个其他大部分类型发光产品不具备的优点，即适合频繁启动的场合。

2）缺点。光效低、寿命短。在所有用电的照明灯具中，白炽灯的效率是最低的。它所消耗的电能只有约2%可转化为光能，而其余部分都以热能的形式散失了。至于照明时间，这种电灯的使用寿命通常不会超过1000h。

紧凑型荧光灯售价约是白炽灯泡的10倍，但寿命是后者的6倍，而且同等亮度的产品，荧光灯耗电量不足白炽灯泡的1/4。

3）发展前景。由于白炽灯的耗电量大，寿命短，性能远低于新一代的新型光源，为了节能环保，保护环境，白炽灯已被一些绿色光源所代替，被要求渐渐退出市场，一些国家已禁止生产和销售白炽灯。

中国是白炽灯的生产和消费大国，2010年白炽灯产量和国内销量分别为38.5亿只和10.7亿只。据测算，中国照明用电约占全社会用电量的12%左右。如果把在用的白炽灯全部替换为节能灯，年可节电480亿kW·h，相当于减少二氧化碳排放4800万t，节能减排潜力巨大。逐步淘汰白炽灯，不仅有利于加快推动中国照明电器行业技术进步，促进照明电器行业结构升级优化，而且也将为实现"十二五"节能减排目标、应对全球气候变化做出积极贡献。

（2）节能灯（荧光灯）。节能灯，又称为省电灯泡、电子灯泡、紧凑型荧光灯及一体式荧光灯，是指将荧光灯与镇流器（安定器）组合成一个整体的照明设备（图5-10）。2008年国家启动"绿色照明"工程，城乡居民和企业使用中标企业节能灯享受一定比例的补助。节能灯的推广意义重大，然而，废旧节能灯对环境的危害也引起了关注。到2012年10月底，节能推广工程有上亿

节能灯报废，每只可污染 180t 水及土壤，废旧节能灯的处理和回收问题引起关注。尽管如此，人们对于节能灯的需求仍然在不断增长，尤其是在刚刚来临的 2014 年，需求量仍然在增加。

图 5-10 节能灯光源一

1）工作原理。节能灯实际上就是一种紧凑型、自带镇流器的日光灯，节能灯点燃时首先经过电子镇流器给灯管灯丝加热，灯丝开端发射电子（由于在灯丝上涂了一些电子粉），电子碰撞充装在灯管内的氩原子，氩原子碰撞后取得了能量又撞击内部的汞原子，汞原子在吸收能量后跃迁产生电离，灯管内构成等离子态。

灯管两端电压直接经过等离子态导通并发出 253.7nm 的紫外线，紫外线激起荧光粉发光，由于荧光灯工作时灯丝的温度约在 1160K 左右，比白炽灯工作的温度 2200 ~ 2700K 低很多，所以它的寿命也大进步，到达 5000h 以上，由于它运用效率较高的电子镇流器，同时不存在白炽灯那样的电流热效应，荧光粉的能量转换效率高，到达每瓦 50lm 以上，所以节约电能。

2）外形规格。节能灯因灯管外形不同，主要为 U 形管、螺旋管、直管型，还有莲花形、梅花形、佛手形等（图 5-11）。

a. U 形管节能灯。管形有 2U、3U、4U、5U、6U、8U 等多种，功率从 3 ~ 240W 等多种规格。2U、3U 节能灯，管径 9 ~ 14mm。功率一般从 3 ~ 36W。主要用于民用和一般商业环境照明。在使用方式上，用

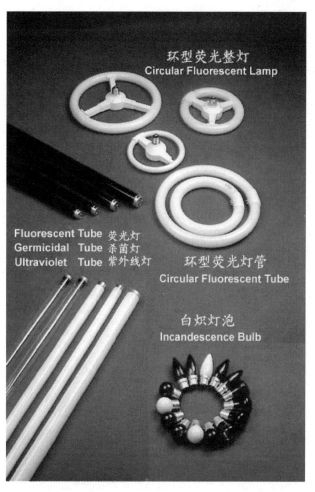

图 5-11 节能灯光源二

来直接替代白炽灯。4U、5U、6U、8U 节能灯，管径 12 ~ 21mm。功率一般从 45 ~ 240W。主要用于工业、商业环境照明。在使用方式上，用来直接替代：高压汞灯、高压钠灯、T8 直管型日光灯。

b. 螺旋管节能灯。螺旋环圈（用 T 表示）数有 2T、2.5T、3T、3.5T、4T、4.5T、5T 等多种，功率从 3 ~ 240W 等多种规格。

c. 支架节能灯。T4、T5 直管型节能灯，功率分为 8W、14W、21W、28W，广泛应用于民用、工业、商业环境照明，可用来替代 T8 直管型日光灯。

T 代表灯管的直径。每一个"T"就是 1/8inch。

1inch 等于 25.4mm。那么 T8 灯管的直径就是 25.4mm。

理论上，越细的灯管效率越高，也就是说相同瓦数发光越多。但是，越细的灯管启动越困难，所以发展到了 T5 灯管的时候，必须采用电子镇流器来启动。

为了节约成本，T5、T4都采用了微型支架的形式出售，就是镇流器含在支架的微型空间里面，这种镇流器的效率和质量一般都不大好，导致应该很高效率的灯管反而不如常规的T8灯管亮，寿命方面也有点打折。尽管如此，细管的诱惑还是很大，T5、T4灯管的销量越来越大了。

3）优点。结构紧凑、体积小。发光效率高60lm/W、省电80%以上，节省能源。可直接取代白炽灯泡。寿命较长，是白炽灯的6～10倍。灯管内壁涂有保护膜和采用三重螺旋灯丝可以大大延长使用寿命（图5-12）。

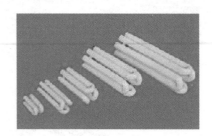

图5-12　节能灯光源三

4）缺点。因电子镇流器通电原理受限，节能灯启动慢。节能灯是明线光谱（不连续），所以通常的节能灯偏紫色光，在节能灯下看东西会严重变色。蓝色会变紫，红黄色看上去会更鲜艳。所以在配色的工作场合不宜使用节能灯。

节能灯使用的镇流器在产生瞬间高压时，会产生一定的电磁辐射。节能灯的电磁辐射还来自电子与汞气发生的电离反应，同时，节能灯需要添加稀土荧光粉，由于稀土荧光粉本身有放射性，节能灯还会产生电离辐射（即放射线核辐射），相比电磁辐射对人体侵害的不确定性，过量放射线核辐射对人体危害更值得关注。

5）发展前景。2011年11月，我国发布"白炽灯淘汰路线"，路线指出：2011年11月1日至2012年9月30日为过渡期；2012年10月1日起禁止进口和销售100W及以上普通照明白炽灯；2014年10月1日起禁止进口和销售60W及以上普通照明白炽灯；2015年10月1日至2016年9月30日为中期评估期；2016年10月1日起禁止进口和销售15W及以上普通照明白炽灯；或视中期评估结果进行调整。

白炽灯被淘汰，留下的市场空间为节能灯带来了巨大的发展潜力。未来几年，白炽灯的产量和需求量将逐渐减少，节能灯将唱主角。

面对着较好的发展机遇，节能灯也面临着其他的困扰。2011年，国家对稀土资源加重税收，导致灯用荧光粉的价格飙升。2011年3月以来，荧光粉在短短的半年时间里出现了暴涨暴跌的行情：先是4个月内暴涨九倍，从300元/kg暴涨到3000元/kg。从8月却突然开始调头向下，到9月中旬已经跌到1300元/kg左右。荧光粉涨价导致节能灯企业成本压力上升，影响企业运营，如果行业不能顺利的传导成本的上涨，势必会带来行业的新一轮整合。

近几年LED照明升温较快。LED照明较节能灯更加环保、节能，在产品性能上更加具有优势。2012年市场看，LED灯因其价格较高，在民用照明方面渗透较小。但应当注意到，随着技术的更新，LED灯的价格每年以较快的速度下降。未来3～5年之间，LED灯的价格有望下降到节能灯的水平。届时将是LED灯进入通用照明的拐点，节能灯面临着巨大的挑战。

（3）LED灯（发光二极管）。LED是英文Light Emitting Diode（发光二极管）的缩写，它的基本结构是一块电致发光的半导体材料，用银胶或白胶固化到支架上，然后用银线进行焊接，四周用环氧树脂密封，起到保护内部芯线的作用，所以LED的抗震性能好。

LED发明于20世纪60年代，在随后的数十年中，其基本用途是作为收录机等电子设备的指示灯。为了充分发挥发光二极管的照明潜力，科学家开发出用于照明的新型发光二极管灯泡、LED空气维生素净灯泡。这种灯泡具有效率高、寿命长的特点，可连续使用10万h，比普通白炽灯泡长100倍。据估计，在全球范围内，发光二极管灯泡有90亿英镑的市场前景。在巨大商机的吸引下，一些灯泡生产商如菲利普公司等，已开始投资数百万镑，研究开发家庭用发光二极管灯泡。科学家预测，在未来5年，这种灯泡很可能成为下一代照明的主流产品（图5-13～图5-19）。

1）工作原理。LED是一种能够将电能转化为可见光的固态的半导体器件，它可以直接把电转化为光。LED 的心脏是一个半导体的晶片，晶片的一端附在一个支架上，一端是负极，另一端连接电源的正极，使整个晶片被环氧树脂封装起来。半导体晶片由两部分组成，一部分是 P 型半导体，在它里面空穴占主导地位，另一端是 N 型半导体，在这边主要是电子。但这两种半导体连接起来的时候，它们之间就形成一个 P-N 结。当电流通过导线作用于这个晶片的时候，电子就会被推向 P 区，在 P 区里电子跟空穴复合，然后就会以光子的形式发出能量，这就是 LED 灯发光的原理。

　　而发光二极管通常用砷化镓、磷化镓等半导体材料制成，它在通过正向电流时会发光，发光的颜色取决于所用的材料，可发出红色、黄色、绿色及红外光等。发光二极管一般用透明的塑料封装，管脚长的为正极，管脚短的为负极。有的发光二极管有 3 个引出脚，根据管脚电压情况能发出两种颜色的光。

　　2）优点。

　　a. 新型绿色环保光源。LED 运用冷光源，眩光小，无辐射，使用中不产生有害物质。LED 的工作电压低，采用直流驱动方式，超低功耗（单管 0.03 ～ 0.06W），电光功率转换接近 100%，在相同照明效果下比传统光源节能 80% 以上。LED 的环保效益更佳，光谱中没有紫外线和红外线，而且废弃物可回收，没有污染，不含汞元素，可以安全触摸，属于典型的绿色照明光源。

　　b. 寿命长。LED 为固体冷光源，环氧树脂封装，抗震动，灯体内也没有松动的部分，不存在灯丝发光易烧、热沉积、光衰等缺点，使用寿命可达 6 万～ 10 万 h，是传统光源使用寿命的 10 倍以上。LED 性能稳定，可在 -30 ～ 50℃环境下正常工作。

　　c. 多变换。LED 光源可利用红、绿、蓝三基色原理，在计算机技术控制下使 3 种颜色具有 256 级灰度并任意混合，即可产生 256×256×256（即 16777216）种颜色，形成不同光色的组合。LED 组合的光色变化多端，可实现丰富多彩的动态变化效果及各种图像。

　　d. 高新技术。与传统光源的发光效果相比，LED 光源是低压微电子产品，成功地融合了计算机技术、网络

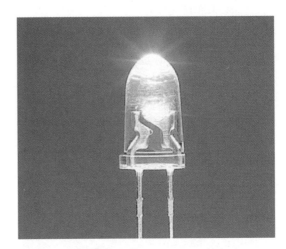

图 5-13　LED 光源一

图 5-14　LED 光源二

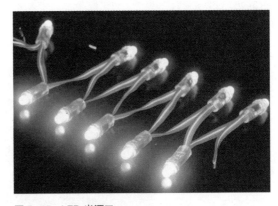

图 5-15　LED 光源三

图 5-16　LED 光源四

图 5-17　LED 光源五

图 5-18　LED 光源六

通信技术、图像处理技术和嵌入式控制技术等。传统 LED 灯中使用的芯片尺寸为 0.25mm×0.25nm，而照明用 LED 的尺寸一般都要在 1.0mm×1.0mm 以上。LED 裸片成型的工作台式结构、倒金字塔结构和倒装芯片设计能够改善其发光效率，从而发出更多的光。LED 封装设计方面的革新包括高传导率金属块基底、倒装芯片设计和裸盘浇铸式引线框等，采用这些方法都能设计出高功率、低热阻的器件，而且这些器件的照度比传统 LED 产品的照度更大。

3）缺点。散热需求高，在散热不良的情况下，LED 的寿命会大幅减少。

a. 高起始成本。LED 价格高，虽然说长期成本可能较低，但是较高的起始成本降低了 LED 的普及率。

b. 演色性有待加强。荧光灯无法完全取代白炽灯的重要原因就是因为荧光灯演色性不佳（白炽灯是连续而且平滑的光谱，演色性接近 100，这样的光线也有较健康护眼的特色；其他人工光源多属发射光谱，很难取代白炽灯及阳光）。中低阶 LED 的演色性甚至还低于荧光灯。

c. 效率仍待加强。LED 在低光度下效率极佳，但是当 LED 灯功率提高，效率就没那么好，尤其是中低阶的大功率 LED 照明，效率还是比不上 T5 灯管。

图 5-19　LED 光源照明设计效果

d. 生产误差大。同一批生产的 LED，每颗 LED 之间的特性（亮度、颜色、偏压等）也有相当大的差异，必须花费相当成本分出各种 LED。

4）发展前景。LED 灯最大的优点就是节能环保。光的发光效率达到 100lm/W 以上，普通的白炽灯只能达到 40lm/W，节能灯也就在 70lm/W 左右徘徊。所以，同样的瓦数，LED 灯效果会比白炽灯和节能灯亮很多。1W LED 灯亮度相当于 2W 左右的节能灯，5W LED 灯 1000h 耗电 5kW·h，LED 灯寿命可以达到 5 万 h，LED 灯无辐射。

普通照明用的白炽灯和卤钨灯虽价格便宜，但光效低（灯的热效应白白耗电），寿命短，维护工作量大，但若用白光 LED 作照明，不仅光效高，而且寿命长（连续工作时间 1 万 h 以上），几乎无需维护。

LED 光源具有使用低压电源、耗能少、适用性强、稳定性高、响应时间短、对环境无污染、多色发光等的优点，虽然价格较现有照明器材昂贵，仍被认为是将不可避免地替代现有照明器件。

（三）照明设计的基本物理概念

1. 照度

照度是表示被光照的某一面上单位面积内所接收的光通量，其单位为勒克斯（lx）。光通量是衡量光源的发光效率的一个物理量，单位为流明（lm）。提高照度可以使用大功率光、增加灯具数量、利用直射光等。

2. 显色性

光源照射后，显现被照物体颜色的性能称为显色性，也就是颜色显示的逼真程度，显色性好的光源对颜色本身体现得较好，颜色接近本色；反之，显色性差的光源对颜色的本色体现的较差，颜色偏色较大。

一个颜色样品在日光下显现的颜色是最准确的。

3. 眩光

当人们观察某一视觉对象时，如果视野内存在严重的光亮不均匀的情况，或者某一处的亮度变化太大给人照成强烈的刺眼功效，就是眩光现象，它是评价照明质量的一个重要的方面。眩光根据眩光源的不同，可以分为直接眩光和反射眩光两种。

在室内空间设计中要避免眩光的干扰。

（四）室内照明布局形式

1. 基础照明

所谓基础照明是指大空间内采用均匀的固定灯具照明，给室内提供最基本的照度，并形成一种格调，不考虑特殊部位的需要，以照亮整个场地而设计的照明。也称一般照明。

2. 重点照明

重点照明是为突出特点目标或引起视野对于某一部分的注意而对重点部位进行强调性的重点投光。一般重点照明色亮度是基本照明的 3 ~ 5 倍。

3. 装饰照明

为了对室内进行装饰，增加空间层次，营造环境气氛，常用装饰灯具进行照明，强调灯具本身的艺术效果，而照明却是辅助功能。

（五）室内照明设计的基本原则

1. 实用性

室内照明应保证规定的照度水平，满足工作、学习和生活的需要，设计应从室内整体环境出发，全面考虑光源、光质，投光方向和角度的选择，使室内活动的功能、使用性质、空间造型、色彩陈设等与其相协调，以取得整体环境效果。

2. 安全性

一般情况下，线路、开关、灯具的设置都需有可靠的安全措施，诸如分电盘和分线路一定要有专人管理，电路和配电方式要符合安全标准，不允许超载，在危险地方要设置明显标志，以防止露电，短路等从而引起火灾和伤亡事故发生。

3. 经济性

照明设计的经济性有两个方面的意义，一是采用先进技术，充分发挥照明设施的实际效果，尽可能以较少的投入获得较大的照明效果；二是在确定照明设计时要符合我国当前在电力供应，设备和材料方面的生产水平。

4. 艺术性

照明装置尚具有装饰房间，美化环境的作用。室内照明有助于丰富空间，形成一定的环境气氛，照明可以增加空间的层次和深度，光与影的变化使静止的空间生动起来，能够创造出美的意境和氛围，所以室内照明设计时应正确选择照明方式、光源种类、灯具造型及体量，同时处理好颜色、光的投射角度，以取得改善空间感，增强环境的艺术效果。

（六）室内照明设计的要求

1.照度标准

照明设计时应有一个合适的照度值，照度值过低，不能满足人们正常工作、学习和生活的需要；照度值过高，容易使人产生疲劳，影响健康，照明设计应根据空间使用情况，符合《建筑电器设计技术规程》（JBJ/T 16—2008）规定的照度标准。

2.灯光的照明位置

人们习惯将灯具安放在房子的中央，其实这种布置方式并不能解决实际的照明问题。正确的灯光位置应与室内人们的活动范围以及家具的陈设等因素结合起来考虑，这样，不仅满足了照明设计的基本功能要求，同时加强了整体空间意境。此外还应把握好照明灯具与人的视线及距离的合适关系，控制好发光体与视线的角度，避免产生眩光，减少灯光对视线的干扰。

3.照明灯具的选择

人工照明离不开灯具，灯具不仅是限于照明，为使用者提供舒适的视觉条件，同时也是建筑装饰的一部分，起到美化环境的作用，是照明设计与建筑设计的统一体。随着建筑空间，家具尺度以及人们生活方式的变化，光源、灯具的材料，造型与设置方式都会发生很大变化，灯具与室内空间环境结合起来，可以创造不同风格的室内情调，取得良好的照明及装饰效应。

（七）室内照明设计常用灯具种类

1.吊灯

吊灯是悬挂在室内屋顶上的照明工具，经常用作大面积范围的一般照明（图5-20）。大部分吊灯带有灯罩，灯罩常用金属、玻璃和塑料制成。用作普通照明时，多悬挂在距地面2.1m处，用作局部照明时，大多悬挂在距地面1～1.8m处。吊灯的造型、大小、质地、色彩对室

内气氛会有影响，在选用时一定与室内环境相协调。例如，古色古香的中国式房间应配具有中国古老气息的吊灯，西餐厅应配西欧风格的吊灯（如蜡烛吊灯、古铜色灯具等），而现代派居室则应配几何线条简洁明朗的灯具。

图5-20　吊灯

2.吸顶灯

直接安装在天花板上的一种固定式灯具，作室内一般照明用。吸顶灯种类繁多，但可归纳为以白炽灯为光源的吸顶灯和以荧光灯为光源的吸顶灯。以白炽灯为光源的吸顶灯，灯罩用玻璃、塑料、金属等不同材料制成。用乳白色玻璃、喷砂玻璃或彩色玻璃制成的不同形状（长方形、球形、圆柱体等）的灯罩，不仅造型大方，而且光色柔和；用塑料制成的灯罩，大多是开启式的，形状如盛开的鲜花或美丽的伞顶给人一种兴奋感；用金属制成的灯罩给人感觉比较庄重。以荧光灯为光源的吸顶灯，大多采用有晶体花纹的有机玻璃罩和乳白玻璃罩、外形多为长方形。吸顶灯多用于整体照明，办公室、会议室、走廊等地方经常使用（图5-21）。

图5-21　吸顶灯

3.嵌入式灯

嵌在楼板隔层里的灯具，具有较好的下射配光，灯具有聚光型和散光型两种。聚光型灯一般用于局部照明

要求的场所，如金银首饰店，商场货架等处；散光型灯一般多用作局部照明以外的辅助照明，例如宾馆走道，咖啡馆走道等（图5-22）。

图5-22　嵌入式灯

4. 壁灯

壁灯是一种安装在墙壁建筑支柱及其他立面上的灯具，一般用作补充室内一般照明，壁灯设在墙壁上和柱子上，它除了有实用价值外，也有很强的装饰性，使平淡的墙面变得光影丰富（图5-23）。壁灯的光线比较柔和，作为一种背景灯，可使室内气氛显得优雅，常用于大门口、玄关、卧室、公共场所的走道等，壁灯安装高度一般在1.8～2m之间，不宜太高，同一表面上的灯具高度应该统一。

图5-23　壁灯

5. 台灯

台灯主要用于局部照明。书桌上、床头柜上和茶几上都可用台灯。它不仅是照明器，又是很好的装饰品，对室内环境起美化作用（图5-24）。

图5-24　台灯

6. 立灯

立灯又称落地灯，也是一种局部照明灯具。它常摆设沙发和茶几附近，作为待客、休息和阅读照明（图5-25）。

图5-25　落地灯

7.轨道射灯

轨道射灯由轨道和灯具组成的。灯具沿轨道移动，灯具本身也可改变投射的角度，是一种局部照明用的灯具。主要特点是可以通过集中投光以增强某些特别需要强调的物体。已被广泛应用在商店、展览厅、博物馆等室内照明，以增加商品、展品的吸引力。它也正在走向人们家庭，如壁画射灯、窗头射灯等（图5-26）。

图 5-26　轨道射灯

四、项目检查表

项目检查表				
实践项目	住宅照明、软装饰设计专项			
子项目	住宅照明设计专项	工作任务		住宅照明规划设计
检查学时		0.5 学时		
序号	检查项目	检查标准	组内互查	教师检查
1	手绘方案草图	是否详细、准确		
2	电脑施工图	是否齐全		
3	电脑效果图	是否合理		
检查评价	班　　级		第　　组	组长签字
	教师签字		日　　期	
	评语：			

五、项目评价表

项目评价表						
实践项目		住宅照明、软装饰设计专项				
子项目	住宅照明设计专项		工作任务		住宅照明规划设计	
评价学时			1学时			
考核项目	考核内容及要求	分值	学生自评（10%）	小组评分（20%）	教师评分（70%）	实得分
设计方案	方案合理性、创新性、完整性	50				
方案表达	设计理念表达	15				
完成时间	3课时时间内完成，每超时5min扣1分	15				
小组合作	能够独立完成任务得满分	20				
	在组内成员帮助下完成得15分					
总分		100				
项目评价	班 级			姓 名		学号
	教师签字			第 组	组长签字	
	评语：					
	日 期					

六、项目总结

整理调研结果，对整体空间的住宅照明设计进行草图规划，结合观察到的施工工艺，绘制天棚平面图、立面图、剖面图、节点详图等需要了解施工工艺的图纸，做出详细的尺寸标注和材料注释，并附带方案的设计说明，最终完成设计方案图纸。以上实践课程的内容是根据实际设计流程来进行，当学生对具体的施工工艺不了解时，应及时返回施工现场观摩，结合具体操作能加深理解。

七、项目实训

（一）实训内容

（1）项目名称：住宅照明设计。

（2）设计区域：普通住宅空间。

（3）设计面积：35～100m²。

（二）实训总体要求

为普通住宅空间进行住宅照明设计方案规划、照明设计施工图绘制、布置灯具照明方式、选择照明灯具造型搭配、综合电网布线等。

（三）实训进度计划

1.概念设计阶段

（1）概念设计提交成果：概念设计展示板或图册。

1）概念设计构思说明深度要求：设计主题阐述以文字说明的形式出现，包括：设计师对本项目的理解及建议，详细表明如何利用各种设计手法满足投资者、使用者的要求和满足国家及地方的有关政策要求。

2）平面布置图深度要求：根据甲方提出的使用要

求，对各功能分区、满足功能要求的电气设施设备、照明灯具造型的选择做出的初步规划。

3）装饰风格意向图片深度要求：用以阐述设计师对室内照明设计项目方向性把控的图片集合，包括装饰构件、轨道、工艺灯具、建筑照明等。可以穿插手绘表现图，但主要以实景照片为主。

4）主要装饰材料、装饰品的列表深度要求：主要材料、装饰的实物照片、产地、规格、使用部位等信息。

（2）所有图纸文件均需提供 A3 幅面彩色图册 3 套。

（3）甲方书面认可后，方可认为该阶段工作完成。

2.方案（深化）设计阶段

（1）方案（深化）设计阶段提交成果。

1）平面布置图深度要求：使用面积、棚面材质、灯具布置。

2）交通流线组织图深度要求：主要动线、次要动线。

3）电气布局平面图深度要求：包括电器设备插座位置、强弱电户内箱位置的布局规划。

4）主要空间的立面图深度要求：需要表明立面材料及造型的色彩和进退关系，可以是手绘图上色，也可以用电脑绘制。

5）效果图。

a.需要反映出主要空间立面，3 张以上。

b.其他可根据项目实际情况另行商定。

（2）经甲方及相关顾问书面认可后方可认为该阶段工作完成。

3.施工图设计阶段

（1）装饰施工图提交成果。

1）图纸封面深度要求：包括项目名称、图纸名称、编制单位、编制时间。

2）图纸目录深度要求：包括图纸编号、图纸名称、图纸张号、图幅。

3）施工图设计说明深度要求：有关设计依据、设计规范、主要施工做法的说明、施工过程中应注意的技术性说明文字等。

4）材料明细表深度要求：包括材料编号、使用部位、主要规格等；严禁在施工图纸上提供供应商信息。

5）综合天花图深度要求：在天花图基础上绘制，包括灯具、空调、消防、智能化等机电末端点位和检修口的位置、尺寸。

（2）材料/部品选型设计提交成果。

1）灯具选型设计图册深度要求：含品牌、型号、规格尺寸、材质、技术参数、供应商信息、价格信息。

2）材料清单及实物样板深度要求：材料编号必须同施工图中的编号对应，其他要求同方案设计阶段。

3）灯具设计提交成果。灯具设计深度要求：内容包括光源的选择、灯具制造工艺、灯具装饰设计等，需提供布置图、意念图片和规格尺寸图或加工图。

4）材料/部品选型设计需各提供 A3 幅面彩色图册 3 套；材料清单提供 3 份，真实材料/部品选型物样板 1 套。

（3）经甲方及相关顾问书面认可后方可认为该阶段工作完成施工服务阶段。

子项目2　软装饰设计专项

一、学习目标

（一）知识目标

（1）了解普通住宅软装饰的设计方法。

（2）利用图式思维在设计方案阶段完成设计构思。

（3）掌握正确的设计成果表达方法。

（4）学会常见室内设计材料的使用方法。

（5）掌握软装饰设计的配色方法。

（6）熟悉常用装修材料的构造作法。

（二）能力目标

随着时代的不断发展，软装饰走入了人们的生活，如今它犹如一颗冉冉晨星，在室内设计领域里即将绽放属于它的光彩。本项目通过对软装饰设计流程的讲解，使学生对于这个新兴的设计领域具备一定的专业知识，了解普通住宅软装饰设计的方法，学会如何针对客户要求进行市场调研，使学生获得自主设计能力。在将知识融会贯通的过程中，达到通过客户调研和合理构思独立完成设计方案以及策划的能力。

（三）素质目标

通过完整的项目实施过程，培养学生调研和沟通能力、团队合作能力及独立创作构思能力。

二、项目实施步骤

（一）项目调研

1.客户调研

学生分组分别模拟客户及设计人员，完成客户调研后，汇总调研表，分析及整理调研结果，集合市场及网络调研结果，形成调研报告，为方案设计做准备。

调研内容：针对不同客户群，将调研客户群做细致分类。分析客户对软装饰的要求，包括材质、配色、造型、风格、施工工艺等，根据分类结果和分析内容，找出客户群的相同需求和不同需求，加以标注并强调。最后认真整理客户意见，并落实为调研表格为方案设计做好铺垫。

（1）班级学生分组（表5-3）。

表5-3　班级学生分组表

专业：　　　　班级：　　　　课程：　　　　时间：

组别	小组职务	成员姓名	任务分配	联系电话
第一组	组长			
	组员			
	组员			
	组员			
	组员			
第二组	组长			
	组员			
	组员			
	组员			
	组员			
第三组	组长			
	组员			
	组员			
	组员			
	组员			
……	……			

（2）软装饰调查问卷。软装饰，是指装修完毕之后，利用易更换、易变动位置的饰物与家具，对室内进行的二度陈设与布置。本问卷旨在了解软装饰行业的市场状况，调查软装饰服务及其配套装饰品的市场需求。请根据真实情况填答问卷，将对填答的所有内容予以保密。

调查大约需要占用 5 ~ 10min 的时间。选择题请将符合的选项勾出，未注明"可多选"的题目均为单选题。

您之前是否听说过软装饰概念？

□是

□否

您对现有住所的居住环境是否满意？

□很满意

□较满意

□不满意

在下列选项中，对您的居住感受影响最大的是？

□住所的房屋结构

□住所的装饰布置

□其他（请详细说明）

您认为通过改变室内装饰布置可以在多大程度上改善居住满意度？

□显著改善

□较大改善

□稍微改善

□完全不能改善

您是否有意愿改变现有住所的装饰布置？

□有，且意愿强烈

□有，但意愿不强烈

□完全没有意愿

您是否改变过现有住所的装饰布置？

□是

□否

若您有改变现有住所装饰布置的意愿，却未曾实施的原因是？（可多选）

□装饰成本高

□不知道如何装饰布置

□耗费过多时间、精力

□不具有房屋的所有权

□其他

您是否倾向于自己动手设计布置？

□是，可以享受自己动手的过程

□是，能节省装饰布置的成本

□是，由于其他原因

□否

您认为在室内装饰过程中最困难的环节是？

□设计

□采购材料

□陈设安装

您是否希望专业人员对您的住所进行设计、装饰与布置？

□希望

□不希望

对从采购到装饰的一整套服务，您愿意接受的服务价格是？

□ 500 ~ 1000 元

□ 1000 ~ 2000 元

□ 2000 ~ 3000 元

□ 3000 元以上

请问在装饰布置中，您偏好使用怎样的装饰品？

□市面已有的大众装饰物

□时尚独特的个性装饰物

□自己设计的专属装饰物

您所偏好的装饰风格是？（可多选）

□简约

□可爱

□前卫

□古典

□环保

□其他

您希望对现有住所的局部还是整体进行装饰？（可多选）

□局部

□整体

若您接受了软装饰服务，您对装饰效果的期望是？

□改善卫生环境

□提高工作效率

□改善生活品质

□改变生活理念

个人信息

您的性别是？

□男

□女

您的年龄为？

□ 18 岁以下

□ 18 ～ 25 岁

□ 25 ～ 30 岁

□ 30 ～ 50 岁

□ 50 岁以上

您的月收入为？

□ 2500 元以下

□ 2500 ～ 6000 元

□ 6000 ～ 10000 元

□ 10000 元以上

您的住所类型是？

□宿舍

□租房

□自宅

您的住所面积为？

□ 30m² 以下

□ 30 ～ 60m²

□ 60 ～ 120m²

□ 120m² 以上

2. 网络、市场调研

走访建材及家居市场，观察不同档次的样板房，了解现今市面上软装材料种类、装饰风格、施工工艺等主要软装饰设计手段，认真总结并以书面方式汇报调研结果。

认真查阅网络中关于软装饰风格、配饰、配色体系等相关内容并做整理，汇总至调研报告中。

（二）策划设计方案

一个优秀的软装饰设计方案的产出，设计师所在团队的每一个成员都有着功不可没的功劳，他们从细节中把握室内空间的风格、色彩和质感。如 2014 年春节后热播的韩剧《来自星星的你》中，男女主人公的居室软装饰，就成为了它的一大亮点，在众网友中引起热议。而该剧的软装饰设计师朴女士，也在采访中提出：软装饰设计方案中，软装饰设计师会通过风格表达居室主人的性格特点，通过色彩传达空间的情绪，通过灯光营造出不同的艺术情感，通过花艺等其他软装饰配饰来塑造建筑的生命气息，最终通过软装饰设计方案把居室环境艺术化、人性化、生活化，构造出室主自己的心灵空间。

（1）搜集业主、户型信息。

（2）考察真实软装饰工程现场，测量住宅室内空间的数据，画出室内平面的草图，标明详细的尺寸，作为进行任务实施的依据。

（3）根据对设计项目的调研，有针对性地对空间特征与功能分析。

（4）明确设计任务和要求。

（5）填写业主要求意向表。

（6）沟通初步设计的意向对空间、风格定位的类型。

（三）方案草图设计

通过现场的考察进行方案设计。规划住宅中各空间软装饰设计，并绘出手绘方案草图。这个阶段，现场指导学生了解不同空间的特点和软装设计方法，并要求学生首先画出住宅平面布置草图，包括室内空间格局的更改、家具的布置、室内动线的安排等，并根据平面布置草图手绘各空间的软装饰设计方案草图。

（四）电脑施工图绘制

布置作业，学生在机房用 AutoCAD 软件绘制软装饰施工图。

当设计方案最终确定的时候，便开始用绘制施工图。室内软装施工图同室内设计施工图同步进行，两者只在细节部分略有差异，软装饰施工图更注重材质、陈列、家具的选择、灯具外观及安装位置等，因此，对施工图详图的需求更多。

通常会在原有平面图中，圈出需要进行软装饰设计的部分，之后对其进行详细的绘制。

平面图需要确定陈设品和家具的尺寸及摆放的位置，这里需要精确的绘制，才不会在后期出现家具无法按图摆放的问题。

立面图需确定房间高度、家具的高度和摆放位置、陈设品的高度和摆放位置，以及绿植的高度和布艺织物的高度和安装位置（如窗帘、壁毯）。

剖面图、节点详图、安装详图。绘制的时候要注意尺寸比例的转换、施工工艺方式，不同材质的特点和使用时需要注意的问题。标注要清晰，细节要详尽。

施工图的绘制需要安全按照国家在建筑施工图例中的正规绘制方法去绘制，比例准确，图文结合详尽，便于施工。

（五）电脑效果图绘制

利用 3ds Max 绘制主要空间的软装饰设计效果图。

软装饰设计效果图的制作，更着重于体现材质的细节和灯光效果，场景的模拟一来有助于设计师根据模拟结果适当调整陈设品及灯具的安放位置，二来有利于设计师在现场表达设计意图，达到客户最满意的效果。

1. 要合理、恰当地运用材质

模型是骨架、材质是外衣、灯光是效果。当各种模型建立好后，选用怎样的材质才能体现出设计师最初的意向，这是问题的关键。

2. 合理的使用灯光

灯光的合理使用，不但能真实地反映出室内的空间感，而且是营造气氛的有利工具。

3. 注意摄像机角度的合理选择

一张成功的效果图，同样也有着完美的摄像机角度。摄像机的视角尽量依照身高视点来确定，这样更容易产生真实感。

4. 后期修饰

图像的后期修饰必不可少，但绝对不能喧宾夺主。场景中的绿植、行走的人物都是点缀，宜少不宜多，效果图渲染后，通过 PS 软件来进行后期的调整和完善，使场景不但可以在形体上产生大小的透视效果，还可以产生带有空气感的色彩变化效果，使室内效果图看起来更自然、生动。

三、知识链接

（一）软装饰及其起源

所谓软装饰，是指装修完毕之后，利用那些易更换、易变动位置的家具与饰物，例如窗帘、沙发套、靠垫、工艺台布及装饰工艺品、装饰铁艺等进行不同的搭配，对室内进行二次陈设与布置。打破了传统的装修行业界限，将家具、布艺、工艺品、收藏品、灯具、花艺、画品等进行重新组合，正是因为不涉及硬装饰部分的改动，仅仅利用产品搭配就可以营造出不同的家居风格，因此把这种软性装饰手法，称之为"软装饰"（图5-27、图5-28）。

图 5-27　软装饰设计一

图 5-28　软装饰设计二

软装饰艺术起源于现代欧洲，曾称为装饰派艺术，也称"现代艺术"。它兴起于20世纪20年代，随着历史的发展和社会的不断进步，在新技术蓬勃发展的背景下，人们的审美意识普遍觉醒，装饰意识也日益强化。经过近10年的发展，于20世纪30年代形成了软装饰艺术。软装饰艺术的装饰图案一般呈几何形，或是由具象形式演化而成，所用材料丰富且贵重，除天然原料（如玉、银、象牙和水晶石等）外，也采用一些人造物质（如塑料，特别是分权材料、玻璃以及钢筋混凝土之类）（图5-29）。其装饰的典型主题有裸女、动物（尤其是鹿、羊）、太阳等，借鉴了美洲印第安人、埃及人和早期的古典主义艺术，体现出自然的启迪。出于各种原因，软装饰艺术在第二次世界大战时不在流行，但从20世纪60年代后期开始再次引起人们的重视，并得以复兴。现阶段软装饰已经达到了比较成熟的程度。

图5-29　软装饰设计三

软装饰设计，即软装修。主要针对高端人群、经济条件相对优越，对空间要求较高的客户，他们会有这个需求，而且随着人们生活水平的提高，家居陈设的需求越来越旺盛，所以市场潜力非常巨大。相对于传统"硬装修"的室内装饰形式，软装饰是在居室完成装修之后进行的，利用可更新的布艺、窗帘、绿植、铁艺、挂画、挂毯等进行的二次装饰。软装饰设计所涉及的软装饰产品包括家具、灯饰、窗帘、地毯、挂画、花艺、饰品、绿植等。根据客户喜好和特定的软装饰风格通过对这些软装饰产品进行设计与整合，最终对空间按照一定的设计风格和效果进行软装饰工程施工，最终使得整个空间和谐、温馨、漂亮（图5-30）。

图5-30　软装饰设计四

（二）软装饰设计中常见的风格

1. 中式风格

中式风格是以宫廷建筑为代表的中国古典建筑的室内装饰设计艺术风格，气势恢弘、壮丽华贵、高空间、大进深、雕梁画栋、金碧辉煌，造型讲究对称，色彩讲究对比，装饰材料以木材为主，图案多龙、凤、龟、狮等，精雕细琢、瑰丽奇巧（图5-31）。但中式风格的装修造价较高，且缺乏现代气息，只能在家居中点缀使用。

现代中式风格更多地利用了后现代手法，墙上挂一幅中国山水画等传统的书房里自然少不了书柜、书案

图 5-31　中式风格软装饰设计一

以及文房四宝。中式风格的客厅具有内蕴的风格，为了舒服，中式的环境中也常常用到沙发，但颜色仍然体现着中式的古朴，中式风格这种表现使整个空间传统中透着现代，现代中揉着古典。这样就以一种东方人的"留白"美学观念控制的节奏，显出大家风范，其墙壁上的字画无论数量还是内容都不在多，而在于它所营造的意境。可以说无论西风如何劲吹，舒缓的意境始终是东方人特有的情怀。

空间上讲究层次，多用隔窗、屏风来分割，用实木做出结实的框架，以固定支架，中间用棂子雕花，做成古朴的图案。门窗对确定中式风格很重要，因中式门窗一般均是用棂子做成方格或其他中式的传统图案，用实木雕刻成各式题材造型，打磨光滑，富有立体感。天花以木条相交成方格形，上覆木板，也可做简单的环形的灯池吊顶，用实木做框，层次清晰，漆成花梨木色（图 5-32）。

图 5-32　中式风格软装饰设计二

家具陈设讲究对称，重视文化意蕴；配饰擅用字画、古玩、卷轴、盆景，精致的工艺品加以点缀，更显主人的品位与尊贵，木雕画以壁挂为主，更具有文化韵味和独特风格，体现中国传统家居文化的独特魅力。

2. 地中海风格

地中海风格的设计在业界很受关注，地中海周边国家众多，民风各异，但是独特的气候特征还是让各国的地中海风格呈现出一些一致的特点。地中海的建筑犹如从大地与山坡上生长出来的，无论是材料还是色彩都与自然达到了某种契合。室内设计基于海边轻松、舒适的生活体验，少有浮华、刻板的装饰，生活空间处处使人感到悠闲自得（图 5-33）。

图 5-33　地中海风格软装饰设计一

地中海风格的建筑特色是，拱门与半拱门、马蹄状的门窗。建筑中的圆形拱门及回廊通常采用数个连接或以垂直交接的方式，在走动观赏中，出现延伸般的透视感。此外，家中的墙面处均可运用半穿凿或者全穿凿的方式来塑造室内的景中窗（图 5-34）。

地中海风格的装饰手法有很鲜明的特征。比如家具尽量采用低彩度、线条简单且修边浑圆的木质家具。地面则多铺赤陶或石板。在室内，窗帘、桌巾、沙发套、灯罩等均以低彩度色调和棉织品为主。素雅的小细花条纹格子图案是主要风格。独特的锻打铁艺家具，也是地中海风格独特的美学产物。同时，地中海风格的家居还要注意绿化，爬藤类植物以及绿色盆栽是常见的居家植物。

地中海风格对中国城市家居的最大魅力来自其色彩

图 5-34　地中海风格软装饰设计二

组合。西班牙蔚蓝色的海岸与白色沙滩，碧海蓝天下的希腊白色村庄，意大利南部金黄色的向日葵花田、法国南部蓝紫色薰衣草、北非沙漠及岩石的红褐、土黄的浓厚色彩组合。由于光照足，所有颜色的饱和度很高，体现出色彩最绚烂的一面。

地中海风格按照地域出现了两种典型的颜色搭配，即蓝与白，这是比较典型的地中海颜色搭配。西班牙、摩洛哥海岸延伸到地中海的东岸希腊。希腊的白色村庄与沙滩和碧海、蓝天连成一片，将蓝与白不同程度的对比与组合发挥到极致。

地中海风格常用的颜色还有黄、蓝、紫和绿。意大利南部的向日葵、法国南部的薰衣草花田，金黄与蓝紫的花卉与绿叶相映，形成一种别有情调的色彩组合，十分具有自然的美感。

再就是要线条不修边幅，显得比较自然，因而无论是家具还是建筑，都形成一种独特的浑圆造型。白墙的不经意涂抹修整的结果也形成一种特殊的不规则表面。

3. 东南亚风格

作为新兴的装饰风格，东南亚风格具备以下的特点：

（1）接近自然，能抒发身心的一种新潮风格。

（2）适合喜欢安逸生活，平时对民族风情饰品有所收藏的业主。

（3）在户型上，较适合建筑面积不小于 $120m^2$ 以上的大户型居室。

（4）带给我们一种自然，土制的朴实感。

（5）取材上以实木为主，主要以柚木（颜色为褐色以及深褐色）为主，搭配藤制家具以及布衣装饰（点缀作用），常用的饰品有：泰国豹枕、砂岩、黄铜、青铜、木梁以及窗落等。

（6）在线条表达方面比较接近于现代风格，以直线为主，主要区别是在软装配饰品及材料上，现代风格的家具往往都是金属制品、机器制品等，而东南亚风格的主要材料主要用的就是实木跟藤制。在软装配饰品上，现代风格的窗帘比较直观，而东南亚风格的窗帘都是深色系，而且还要是炫彩的颜色，它可以随着光线的变化而变化。

东南亚风格本起源于东南亚一带，而国内这一风格起源于珠三角地区，因为珠三角距离东南亚比较近，而今经济发展速度快，所以就比较先引进那种风格。东南

亚风格多采用手工工艺和原木，原始材料的搭配，其规整度相较于欧式风格更强一些。居室选择有充足的光照度，施工时把握好手工工艺的运用。室内绿植采用较多的阔叶植物，如果有条件的情况下可以采用水池莲花的搭配，接近自然（图5-35、图5-36）。

东南亚饰品富有禅意，蕴藏较深的泰国古典文化，所以它给人的特点是：禅意、自然以及清新。在配色方面，比较接近自然，采用一些原始材料的色彩搭配。软装上采用中性色或者中色对比色，比较朴实自然。其中，大房子的建议色彩搭配是：深色配浅色饰品，以及炫彩窗帘跟泰国抱枕；小房子的建议色彩搭配是：浅色搭配炫彩软装饰品（图5-37）。

图5-35 东南亚风格软装饰设计一

图5-36 东南亚风格软装饰设计二

图5-37 东南亚风格软装饰设计三

4.古典欧式风格

古典欧式风格别墅装修最大的特点是在造型上极其讲究，给人的感觉端庄典雅、高贵华丽，具有浓厚的文化气息。在家具选配上，一般采用宽大精美的家具，配以精致的雕刻，整体营造出一种华丽、高贵、温馨的感觉。

在配饰上，金黄色和棕色的配饰衬托出古典家具的高贵与优雅，赋予古典美感的窗帘和地毯、造型古朴的吊灯使整个空间看起来赋予韵律感且大方典雅，柔和的浅色花艺为整个空间带来了柔美的气质，给人以开放、宽容的非凡气度，让人丝毫不显局促壁炉作为居室中心，是这种风格最明显的特征，因此常被别墅的室内装修广泛应用（图5-38）。

图5-38　古典欧式风格软装饰设计

在色彩上，经常以白色系或黄色系为基础，搭配墨绿色、深棕色、金色等，表现出古典欧式风格的华贵气质。在材质上，一般采用樱桃木、胡桃木等高档实木，表现出高贵典雅的贵族气质。

5.日式风格

日式设计风格直接受日本和式建筑影响，讲究空间的流动与分隔，流动则为一室，分隔则分几个功能空间，空间中总能让人静静地思考，禅意无穷。传统的日式家居将自然界的材质大量运用于居室的装修、装饰中，不推崇豪华奢侈、金碧辉煌，以淡雅节制、深邃禅意为境界（图5-39）。

日式室内设计中色彩多偏重于原木色，以及竹、藤、麻和其他天然材料颜色，形成朴素的自然风格。例如，和风传统节日用品日式鲤鱼旗、和风御守、日式招财猫、江户风铃等都是和风式物品。

图5-39　日式风格软装饰设计

6.田园风格

田园风格是一种大众装修风格，其主旨是通过装饰装修表现出田园的气息。不过这里的田园并非农村的田园，而是一种贴近自然，向往自然的风格（图5-40）。

图5-40　田园风格软装饰设计

田园风格的朴实是众多选择此风格装修者最青睐的一个特点，因为在喧哗的城市中，人们很想亲近自然，追求朴实的生活，于是田园生活就应运而生！喜欢田园风格的人大部分都是低调的人，懂得生活来之不易。

田园风格最大的特点就是：朴实，亲切，实在。

7. 新古典风格

新古典主义时期开始于 18 世纪 50 年代，出于对洛可可风格轻快和感伤特性的一种反抗，也有对古代罗马城考古挖掘的再现，体现出人们对古代希腊罗马艺术的兴趣。这一风格运用曲线曲面，追求动态变化，到了 18 世纪 90 年代以后，这一风格变得更加单纯和朴素庄重（图 5-41、图 5-42）。

图 5-41 新古典风格软装饰设计一

图 5-42 新古典风格软装饰设计二

（1）"形散神聚"是新古典的主要特点。在注重装饰效果的同时，用现代的手法和材质还原古典气质，新古典具备了古典与现代的双重审美效果，完美的结合也让人们在享受物质文明的同时得到了精神上的慰藉。

（2）讲求风格，在造型设计上不是仿古，也不是复古而是追求神似。

（3）用简化的手法、现代的材料和加工技术去追求传统式样的大致轮廓特点。

（4）注重装饰效果，用室内陈设品来增强历史文脉特色，往往会照搬古典设施、家具及陈设品来烘托室内环境气氛。

（5）白色、金色、黄色、暗红色是欧式风格中常见的主色调，少量白色糅合，使色彩看起来明亮。

（6）墙纸是新古典主义装饰风格中重要的装饰材料，金银漆、亮粉、金属质感材质的全新引入，为墙纸对空间的装饰提供了更广阔的发挥空间。新古典装修风格的壁纸具有经典却更简约的图案、复古却又时尚的色彩，既包含了古典风格的文化底蕴也体现了现代流行的时尚元素，是复古与潮流的完美融合。

8. 摩登风格

摩登风格又称现代风格，即现代主义风格。现代主义也称功能主义，是工业社会的产物，起源于 1919 年包豪斯（Bauhaus）学派，提倡突破传统，创造革新，重视功能和空间组织，注重发挥结构构成本身的形式美，造型简洁，反对多余装饰，崇尚合理的构成工艺；尊重材料的特性，讲究材料自身的质地和色彩的配置效果；强调设计与工业生产的联系（图 5-43、图 5-44）。

图 5-43 摩登风格软装饰设计一

图 5-44　摩登风格软装饰设计二

首先，在选材上不再局限于石材、木材、面砖等天然材料，而是将选择范围扩大到金属、涂料、玻璃、塑料以及合成材料，并且夸张材料之间的结构关系，甚至将空调管道、结构构件都暴露出来，力求表现出一种完全区别于传统风格的高度技术的室内空间气氛。在材料之间的关系交接上，现代设计需要通过特殊的处理手法以及精细的施工工艺来达到要求。

其次，现代风格的色彩设计受现代绘画流派思潮影响很大。通过强调原色之间的对比协调来追求一种具有普遍意义的永恒的艺术主题。装饰画、织物的选择对于整个色彩效果也起到点明主题的作用。

现代室内家具、灯具和陈列品的选型要服从整体空间的设计主题。家具应依据人体一定姿态下的肌肉、骨骼结构来选择、设计，从而调整人的体力损耗，减少肌肉的疲劳。灯光设计的发展方向主要有两大特点：一是根据功能细分为照明灯光、背景灯光和艺术灯光三类，不同居室灯光效果应为这三种类型的有机组合；二是灯光控制的智能化、模式化，也即控制方式由分开的开关发展为集中遥控，通过设定视听、会客、餐饮、学习、睡眠等组合灯光模式来选择最佳的效果。对于陈列品的设置上，应尽量突出个性和美感。

9. 简约风格

简约主义风格的特色是将设计的元素、色彩、照明、原材料简化到最少的程度，但对色彩、材料的质感要求很高。因此，简约的空间设计通常非常含蓄，往往能达到以少胜多、以简胜繁的效果（图 5-45、图 5-46）。"艺术创作宜简不宜繁，宜藏不宜露。"（齐白石

图 5-45　简约风格软装饰设计一

图 5-46　简约风格软装饰设计二

语）这些也都是对简洁最精辟的阐述。

但是简约并不是简单，简洁是优良品质经不断组合并筛选出来的精华，是将物体形态的通俗表象，提升凝练为一种高度浓缩、高度概括的抽象形式。简练出的新概念，摒弃传统的陈旧与浮华，它多半运用新材料、新技术、新手法，与人们的新思想、新观念相统一，达到以人为本的境界。

简洁也不是缺乏设计要素，它是一种更高层次的创作境界。在室内设计方面，它体现在不是放弃原有建筑空间的规矩和朴实去对建筑载体进行任意装饰，而是在

设计上更加强调功能，强调结构和形式的完整，更追求材料、技术、空间的表现深度与精确。

对比是简约装修中惯用的方式，这种方式是艺术设计的基本定型技巧，它把两种不同的事物、形体、色彩等作对照，如方与圆、新与旧、大与小、黑与白、深与浅、粗与细等。通过把两个明显对立的元素放在同一空间中，经过设计，使其既对立又和谐；既矛盾又统一，在强烈反差中获得鲜明对比，求得互补和满足的效果。

（三）软装饰设计中的色调构成

软装饰设计中的色彩组织，色调构成，一方面是利用设计师对色彩的理解及敏锐的感觉、直觉去创作，去设计不同的室内环境空间；另一方面也试图在感觉之外总结一套标准化、公式化的方法，使色彩的配置和色调的构成更加明快、系统、标准，使设计人员运用方便、利于掌握（图5-47）。最基本的色彩组织形式有如下几种分类。

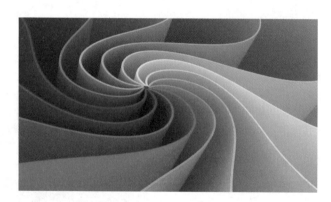

图5-47 十二色相

1.相同色调的表现形式

相同色是色相环中同一色相颜色，其中包括明度的深浅、色阶的变化和构成的色彩组合。这种类型的色彩表达，称其为同类色或同色相的色彩设计方法。在软装饰设计中，需要先认识和掌握好同类色以及单色空间的设计表现，不少类型的室内都需要采用单色去处理。单色的作用能给空间带来统一、柔和，让人感觉稳定、高雅。使用单色时，应注意它的色彩节奏或是明度差的变化，而室内软装饰设计中的色调微妙的表达，主要是采用单色明度构成来完成的（图5-48）。这里要强调的是，单一色处理不妥当，会产生色调的阴沉感、单调感、呆

滞甚至缺乏活力的感觉。

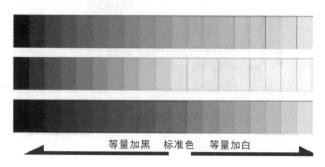

等量加黑 标准色 等量加白

图5-48 色调变化

2.邻近色调的表现形式

邻近色是色相环中距离在60°之间的颜色，无论在色环中的不同转换，都被认为是邻近色（图5-49）。这类色彩也是被大量运用在不同类型的室内空间表达中的。无论是公共建筑、文化建筑或是中小学建筑等室内用色，都在大量采用邻近色调的表现。在色相环60°之内，色彩可以自由运用；如果是在30°之内，使用时要注意明度之间的反差，不然可能出现阴沉、灰暗、呆滞等现象。色调也可以带来一种无味的感觉，使室内空间缺少个性。邻近色使用得当，则可能给室内空间产生一种全新的活动力，带给人们以浪漫温馨的感觉。

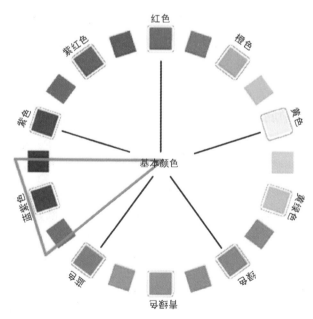

图5-49 邻近色调

3.对比色调的表现形式

在色相环（图5-50）中，120°～150°左右的色相

区域中的两种颜色并用，具有这种色彩关系的一对配色被认为是对比色设计。对比色的使用，往往给室内空间带来一种视觉的新鲜感和生命活力，这是由于对比色的距离远、角度大，颜色反差性强烈。对比色的运用能够使空间产生跳跃感、活泼、爽快、激烈的感觉。因此，对比色运用时也更容易出现室内空间中的不协调感，一旦使用不当会造成眩目、刺眼、冲突等心理感受。在对比色的使用中，应注意面积的对比、色彩强弱的对比或是不同材质的变化对比。若使用同等面积的对比配色，会产生整体色调的无序性，主次关系不明，更会直接导致室内软装设计的配色失败。

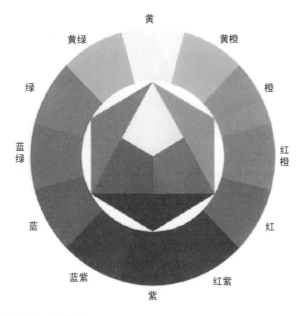

图 5-50　色相环

4.互补色调的表现形式

在色相环中，呈 180° 直线型关系的两个色线，称其为互补色。常见如红与绿、黄与紫、蓝与橙等互补配色。同时它也是色相环中最突出、最强烈和最冲突的一对色相。通常情况下，室内空间设计中很少使用补色表达，但在某些特别的空间表达中，它们又往往会呈现出其不意的效果。这种配色的特殊性在于色彩的强烈个性，明亮、灿烂、热情、高调并具有戏剧性的功能意义。

（四）软装饰设计中配色的运用

1.设计主色调

主色调指空间设计中整体的基本调子，它最能体现

出室内设计的色彩个性，烘托主题风格，同时与室内各空间的使用性质息息相关。

主色调的定位还应与当前室内表现的主题，甚至室外所处的自然环境相联系。如北京香山饭店的室内色彩以黑白相间为主，表现徽派民居的质朴、素雅、幽静的气氛，与色彩热烈的香山红叶产生强烈的对比，给人留下深刻的印象，并突出了中国建筑独有的韵味。从这里，能够看出设计师对色彩运用的能力（图 5-51、图5-52）。

图 5-51　香山饭店室外

图 5-52　香山饭店室内

总之，室内主色调的抉择是室内软装饰设计的首要定位，要运用得体使主色调贯穿如一，体现在整体的空间中，然后再考虑局部色彩的配合。

2.软装饰设计中的配色

主调确立之后，还应考虑色彩的布局与比例分配，也就是设计配色。室内色彩的变化和统一、对比和协调

始终是设计师应遵循的原则。作为室内色彩的构图，应考虑室内不同空间组成的各要素以及它们之间的关系，既要考虑软装饰材料的色调，也要考虑家具与其他物体的色调；既要有统一感，又要拉开各自的差距，使配色效果感觉丰富而不凌乱。

（1）背景色。背景色墙面、天花和地面在室内占有较大的面积，能衬托室内一切物体，它们是室内色彩中首要考虑与选择的对象，尤其是墙面色彩的选择家具、织物等具有重要的衬托作用（图5-53）。不同物的色彩在不同的空间背景下其位置的不同，对房间的特质，人的心理知觉与情感反应也会有所不同。景色强调不同空间的个性，如家居中的客厅，是全家的活动中心，又承担接待客人的功能，因而在色彩的设计上最具挑战性，也最能体现主人的风格。如果主人希望在此与来客进行活泼有趣的交流，墙面增添黄色会有较好的效果；如希望在劳累一天后，在客厅进行冥想、思考问题，大面积的柔和的蓝色与绿色，不仅让人体会宁静，更能启迪人的智慧。办公空间大面积色的选择更让人有耳目一新之感，以色彩的效果体现公司的独特形象。

图5-53 背景色与家具色

（2）家具色。柜子、桌椅、沙发、床具、地毯等家具，构成了室内陈设的主体。因规格、形式和色彩的不同，可获得不同个性的室内风格，它们与背景色彩关系密切，可呼应亦可对比，常成为控制室内总体效果的主导色彩。如家具、陈设上面的花饰纹样等在房间中起作用，可从其纹样中挑选和谐的独色块运用于室内空间的布置中，也可作为墙面背景的色彩，以突出这些物品的纹样，使纹样能为整体的色彩组合服务（图5-54）。

图5-54 家具色与织物色

（3）织物色。窗帘、床罩、靠垫、帷幔、布艺装饰等织物以纺织面料为主，在室内中起举足轻重的作用。因其材料、质感、色彩和图案的千姿百态，五光十色为室内增添光彩，同时密切了与人的关系。处理得当，对室内气氛的营造风格的形成起重要作用；处理不当，将对室内整体色彩的效果形成干扰。尤其织物中肌理的强调，往往给和谐的色彩组合创造微妙的丰富感觉。有触觉对比的织物材料，更会给人产生心理的满足感，这也成为室内设计中时尚装饰的处理手法。

（4）陈设色。灯具、工艺品、字画、摄影及雕塑作品，虽然体积小，占面积不大，但在室内，放置于书柜、书桌、装饰橱柜上，或挂在墙上，便起到画龙点睛的作用，成为空间中的视觉焦点。尤其在色彩效果上，常常成为室内的强调色或点缀色，并在室内大面积色彩的对比中发挥作用，同时体现空间使用者的爱好与品位（图5-55）。

图 5-55　陈设色与绿色花卉

（5）绿色花卉。盆景、花篮、插花及各种绿色植物，各具不同的色彩与形态，又带有强烈的情感因素，在与室内其他要素的对比与协调中，起到丰富空间内涵的作用。绿色植物，生机勃勃，充满大自然的气息，在加强生活气息，创造意境上独具魅力。尤其受"回归大自然"思潮的影响，人们更注重在室内营造绿色的环境，使身心得到彻底的放松。在室内空间中有意识地强调绿色植物的色块作用，无论在暖色调或冷色调，还是中性色调的空间中，都能与其他色彩和谐相处，同时强化人与自然的内在联系。

四、项目检查表

项目检查表				
实践项目	住宅照明、软装饰设计专项			
子项目	软装饰设计专项	工作任务		软装饰规划设计
检查学时		0.5 学时		
序号	检查项目	检查标准	组内互查	教师检查
1	手绘方案草图	是否详细、准确		
2	电脑施工图	是否齐全		
3	电脑效果图	是否合理		
检查评价	班级		第　　组	组长签字	
	教师签字		日　　期		
	评语：				

五、项目评价表

项目评价表						
实践项目		住宅照明、软装饰设计专项				
子项目	软装饰设计专项		工作任务		软装饰规划设计	
评价学时			1 学时			
考核项目	考核内容及要求	分值	学生自评（10%）	小组评分（20%）	教师评分（70%）	实得分
设计方案	方案合理性、创新性、完整性	50				
方案表达	设计理念表达	15				
完成时间	3课时时间内完成，每超时5min扣1分	15				
小组合作	能够独立完成任务得满分	20				
	在组内成员帮助下完成得15分					
总分		100				
班　级		姓　名		学号		
教师签字		第　组	组长签字			
项目评价	评语：					
	日　期					

六、项目总结

整理调研结果，对整体空间软装饰设计进行草图规划，结合观察到的施工工艺，绘制室内平面图、立面图、剖面图、节点详图等需要了解施工工艺的图纸，作出详细的尺寸标注和材料注释，并附带方案的设计说明，最终完成设计方案图纸。以上实践课程的内容是根据实际设计流程来进行，当学生对具体的施工工艺不了解时，应及时返回施工现场观摩，结合具体操作能加深理解。

七、项目实训

（一）实训内容

（1）项目名称：软装饰设计。

（2）设计区域：普通住宅空间。

（3）设计面积：35 ~ 100m²。

（二）实训总体要求

为普通住宅空间进行软装饰设计方案、装饰施工图设计、灯具造型搭配、电器造型搭配、橱柜及陈设品设计。

（三）实训进度计划

1.概念设计阶段

（1）概念设计提交成果：概念设计展示板或图册。

1）概念设计构思说明深度要求：设计主题阐述以文字说明的形式出现，包括：设计师对本项目的理解及建议，详细表明如何利用各种设计手法满足投资者、使用者的要求和满足国家及地方的有关政策要求。

2）装饰风格意向图片深度要求：用以阐述设计师对软装饰设计方向性把控的图片集合，包括装饰构件、工艺灯具、陈设品等。可以穿插手绘表现图，但主要以实景照片为主。

3）主要装饰材料、装饰品的列表深度要求：主要材料、装饰的实物照片、产地、规格、使用部位等信息。

（2）所有图纸文件均需提供 A3 幅面彩色图册 3 套。

（3）甲方书面认可后，方可认为该阶段工作完成。

2.方案（深化）设计阶段

（1）方案（深化）设计阶段提交成果。

1）平面布置图深度要求：使用面积、地面材质、家具布置。

2）主要景观分析图深度要求：室内朝向面对的主要景观面，周边景观环境的分析。

3）家具布置图深度要求：包括所有固定及活动家具的平面布置，有编号及对应编号的说明。

4）地面材质图深度要求：包括地面面饰材料、图案及地面标高。

5）主要空间的立面图深度要求：需要表明立面材料及造型的色彩和进退关系，可以是手绘图上色，也可以用电脑绘制。

6）效果图。

a.需要反映出主要空间立面，3 张以上。

b.其他可根据项目实际情况另行商定。

7）材料清单及实物样板。材料清单中需列明内容：①材料编号；②品种名称；③规格（长度、宽度、厚度）；④产地；⑤使用部位；⑥用量（m²）；⑦建议供应商信息（所建议供应商如为独家厂商，乙方应确保其材料供应、价格要符合甲方施工工期和成本造价的控制要求）；⑧备注（地毯颜色、花纹、材质等信息；石材的表面处理；墙纸的肌理等）。

实物样板要求用 A1 幅面 KT 板制作，其上粘贴材料实样：①石材（300mm×300mm，周边磨 5mm、宽 45°斜边）；②瓷砖（300mm×300mm，周边磨 5mm、宽 45°斜边）；③饰面板（300mm×300mm）；④地毯（方块毯：实际规格，卷毯：600mm×600mm，局部具有代表性图案和颜色，工艺毯：600mm×600mm，局

部同时附整幅地毯图案的 A3 幅面彩色图片）；⑤墙纸（600mm×600mm，局部具有代表性图案和颜色）。

（2）经甲方及相关顾问书面认可后方可认为该阶段工作完成。

3.施工图设计阶段

（1）装饰施工图提交成果。

1）图纸封面深度要求：包括项目名称、图纸名称、编制单位、编制时间。

2）图纸目录深度要求：包括图纸编号、图纸名称、图纸张号、图幅。

3）施工图设计说明深度要求：有关设计依据、设计规范、主要施工做法的说明、施工过程中应注意的技术性说明文字等。

4）材料明细表深度要求：包括材料编号、使用部位、主要规格等；严禁在施工图纸上提供供应商信息。

5）平面布置图深度要求：包括平面布局、家居布置、地面材质、地面高差；可将立面索引图合并在此图中，但不可索引任何剖面；尺寸标注在平面布置外围，包括建筑轴线尺寸、开间尺寸、进深尺寸、隔墙轴线尺寸及开间、进深的总尺寸。

6）地面材质图（铺地平面图）深度要求：地面面层材料的名称、种类、规格尺寸、地面标高；活动家具及可移动的地毯需删除，注意房间中的固定柜地面是否铺地材，需与施工中地面面材的施工范围一致；地面做法的大样、地面拼花的大样、地面高差或不同材质衔接的细部节点等在此图上索引。

7）隔墙定位图深度要求：包括隔墙使用材料、隔墙厚度、隔墙的轴线尺寸；不同材料隔墙的做法详图索引。

8）综合天花图深度要求：在天花图基础上绘制，包括灯具、空调、消防、智能化等机电末端点位和检修口的位置、尺寸。

9）立面图深度要求：包括立面造型、尺寸；面饰材料名称、尺寸；立面上房间门的名称、尺寸；电气开关插座等相对位置尺寸；造型的剖面结构索引、主要立面材料基层做法索引、立面上不同材料衔接的节点大样

索引；立面图名称前的索引编号需对应平面图编号中的立面索引编号进行反向索引；最好绘制出立面两端的隔墙毛坯面及门洞、窗洞的结构剖面，便于核查电气开关插座位置尺寸，也便于核查墙面材料做法的厚度，更能直观识图。

（2）材料/部品选型设计提交成果。

1）柜及电器选型设计图册深度要求：含品牌、型号、规格尺寸、材质、技术参数、供应商信息、价格信息。

2）灯具选型设计图册深度要求：含品牌、型号、规格尺寸、材质、技术参数、供应商信息、价格信息。

3）材料清单及实物样板深度要求：材料编号必须同施工图中的编号对应，其他要求同方案设计阶段。

4）室内家具及陈设品设计提交成果。室内家具及陈设品设计图册深度要求：内容包括活动家具、工艺灯具、装饰陈设品等，需提供布置图、意念图片和规格尺寸图或加工图（活动家具、工艺灯具）。

5）材料/部品选型设计需各提供 A3 幅面彩色图册 3 套；材料清单提供 3 份，真实材料/部品选型物样板 1 套。

（3）经甲方及相关顾问书面认可后方可认为该阶段工作完成施工服务阶段。

项目六 住宅综合设计专项

一、项目导入

（一）项目名称

某小区多层住宅空间设计方案策划。

（二）项目背景

此项目为普通住宅空间设计项目，位于某市某小区多层住宅内，住宅使用面积约为 $120m^2$，层高 3m，根据项目调研结果及客户要求完成室内设计方案及策划。

二、项目分析

（一）项目要求

（1）风格定位：方案规划要根据该项目的特点和业主要求风格进行定位，装修以中高档为主。

（2）功能设计：功能划分要考虑普通住宅功能划分的特点，合理生活起居、休息、室内交通的区域，符合防火、安全标准。

（3）考虑建筑本身的通风、水暖、电气的位置和走向，考虑建筑结构。

（4）建筑主体的改动要符合建筑规范。

（二）项目成果及实施要求

组织学生进行结合市场的调研，针对项目的内容和客户要求，制定完整的项目方案和策划。

（1）要求学生分组合作，自主完成，方案要有创意。

1）班级分组，以团队合作的形式共同完成项目，建议 4～5 人为一组，每个小组选出 1 名组长，负责项目任务的组织与协调，带领小组完成项目。小组成员需要独立完成各自分配的任务，并保证设计方案的整体性。

2）每个小组完成最为完善的设计方案，并制作整套图纸。选出 1 名组员负责方案的讲解和答辩。

（2）建筑结构、辅助设施在符合建筑规范的基础上进行有限度的改动。

（3）布局和功能合理，设计风格符合企业特点。

三、学习目标

（一）知识目标

（1）利用图式思维在设计方案阶段完成设计构思。

（2）掌握正确的设计成果表达方法。

（3）学会常见室内设计材料的使用方法。

（4）掌握综合设计配色方法。

（5）熟悉常用装修材料的构造作法。

（二）能力目标

熟练运用所学知识，通过现场的考察，进行方案设计。客厅、卧室、书房、厨房、卫生间以及它们之间的过渡空间的设计，并进行完整的综合项目实训，完善对普通住宅室内的使用功能及设计理念的把握和理解。使学生获得自主设计能力。再将知识融会贯通的过程中，达到通过客户调研和合理构思独立完成设计方案以及策划的能力。

（三）素质目标

通过完整的项目实施过程，培养学生调研和沟通能力、团队合作能力及独立创作构思能力。

四、项目实施步骤

（一）项目调研

初步了解建筑物与周围环境密切结合的重要性及周围环境对建筑的影响，紧密结合环境，处理好建筑环境与室内的关系。室内、室外相结合。绿地率不小于30%。在平面布局和功能推敲时候要充分考虑到使用者的人数，家庭属性，爱好特征，特殊人群。并且需要开阔眼界，初步了解东西方环境观的异同，借鉴其中有益的创作手法，创造出宜人的室内环境。

调研内容：

（1）客户个体需求。

（2）家庭成员分析或项目人文分析。

（3）风格定位。

（二）策划设计方案

搜集业主、户型信息。考察真实装饰工程现场，测量住宅室内空间的数据，画出室内平面的草图，标明详细的尺寸，作为进行任务实施的依据。

分析策划内容：

（1）家居文化策划。

（2）人文生活规划。

（3）空间功能策划。

（4）视觉元素策划。

（5）造价预算规划。

（6）创意家具定制。

（7）家居智能化。

（三）方案草图设计

通过现场的考察进行方案设计，并绘出手绘方案草图。这个阶段，现场指导学生了解不同空间的特点和设计方法，并要求学生首先画出住宅平面布置草图，包括室内空间格局的更改、家具的布置、室内动线的安排等，并根据平面布置草图手绘各空间的方案草图。

（四）电脑施工图绘制

布置作业，学生在机房用 AutoCAD 软件绘制正式的平面布置图、立面图、节点和施工大样。

（五）电脑效果图绘制

施工图确定后，制作电脑效果图以及对整体效果进行排版打印。

五、知识链接

住宅空间包括私密性空间、周边生活空间、视觉空间。其中，私密性空间是住宅室内设计中的重要中心，随着社会的进步，生活质量的提高，人们的居住模式已经改变，现代住宅不仅需要具备传统的生活空间功能，更应在设计中考虑应该具备工作空间、休闲空间等的功能。

（一）景观入室对室内设计模式影响

一个项目的室内设计应建立在充分结合周边自然资源的基础上的，在这一点上，目前室内项目在不同程度上都有一些侧重。例如山景、海景、人文景观等。现在的户型设计中采用"户户有景、窗窗似画"的设计方式，把景色充分利用起来。所以在室内设计中要充分考虑到周边环境对室内设计的影响，包括光、热、装饰材料与户外景色以及色彩对人的心理生理的作用。

（二）市场需求主导室内设计创新

室内设计的创新不仅为户型的使用价值带来一定的提升，也会带来一定的市场美誉度，更会引导一定时期的居住时尚与人文品位。由此可见，室内设计创新必须准确地建立在市场需求之上。

（三）区域市场的需求对室内设计影响

不同区域内，所需求的室内设计也一定要符合该区域的特性，不可盲目跟从其他项目，充分地了解全局才可做到供需相等。

（四）符合市场需求的室内设计的创新

商品力是拉力，合理细致的营销手段是推力，拉力和推力的组合成功才是产品旺销的基础保证。市场的需求直接影响着室内设计的创新策略的实施，而不计成本，完全去迎合市场盲目创新是无益于室内设计项目推广的。

（五）室内设计流线性创新设计模式

流线是指人们活动的路线，是在室内设计中常用的一个基本的要素。大致来讲，室内设计创新设计必先考虑线路的走向，从而分析出现代居住群对居所的需求之处。

1. 家务流动线

一般家庭中的厨房较狭窄，室内设计时要注意流动线通成一条直线，顺序不当就会感到在使用上不便。如在厨房的室内设计中就创新出中西兼有的双厨设计，中式厨房以封闭为主，只做炒菜时使用；西式厨房以开放为主，用来只做西餐。在摆设厨具中也应合理的规划，方可使厨房使用起来轻松没有障碍。

2. 家人流动线

家人流动线主要存在于卧室、卫生间、书房等私密性较强的空间，在设计这些空间时，要充分尊重到主人的生活格调，满足到家人生活的习惯，比如独立的主人房卫生间，就明确主人的私密性。

3.访客流动线

访客流动线主要是指出入口处进入到客厅的这段空间，应做到有客人来访时不应打扰到家中其他人的休息和工作，所以在起居室中划分出单独的会客室是必要的。

（六）平面室内设计的布局分析

1.平层平面室内设计布局分析

入大门处过渡性的空间，主要是玄关设计，对整套的住房的私密性有很好的保证。

客厅的空间是独立的，除了一个入口和阳台推拉门之外，无其他任何房门对着客厅，使客厅的空间不会受到其他空间的干扰；在进行室内设计的时候除了考虑客厅的功能性设计之外，同时要注意保持空间的开阔，通风和采光效果要做到极佳。

厨房、餐厅和公共卫生间一般全部集中在一起，功能分区集中，并能与其他功能区明确分开，其中厨房与餐厅紧密相连，方便用餐使用，设计要注意餐桌的摆放与出入厨房的流动线相互不干扰，同时要注意通风、采光要好。

卫生间与阳台，两个卫生间都要设有明窗通风和采光，主卧室有独立卫生间，私密性强，阳台一般为双阳台，一南一北，有利观景和日常生活功能等，所以在设计时要考虑休闲区的设计和整体风格相统一。

由于中外在生活习惯上不同，在卧室的使用上略有不同。中国的每个卧室平面布局方正、平直、宽大。其中主卧室要十分宽且大，除了具备睡眠功能之外还具有娱乐、化妆、休闲甚至还可能兼有读写的强大功能，而其他次卧室在设计上也应该注意到通风、采光和私密性的问题。

而在美国卧室的面积较小，主要为睡眠休息功能。而其更注重家人的相互沟通和交流，在设计上更偏重客厅的设计，所以相对客厅面积较大。而家人沟通交流基本上是吃饭的时间，所以在美国大多数的客厅会连接开放性的厨房和餐厅，以便沟通和交流。

公共活动区（客厅、餐厅、厨房），要求设计功能上

分区集中，动静分区、过渡自然可以起到不干扰的要求。

2.复式或者错层平面室内设计布局分析

复式住宅入户门均设在底层，这一点很重要，从居住的心理和生活自然规律来讲，进门就应该在第一层，若再往下走则有一种进入地下室的感觉。在复式的中、下层应集中为客厅、书房、餐厅、厨房、公用的卫生间、贮藏室、客房或为行动不方便的家庭成员设置卧室等；而上层则应设置能相对隐秘性要求较高的主人房、次卧房、家庭起居室等。

复式房的室内楼梯设计一般是不容忽视的重要内容。而对楼梯的设计要求一般宽也不应小于80cm，否则就会造成行走上的不方便，家居在摆设时也会难以搬至上层空间，复式住宅面积一般都较大，一般都在200m²以上，而且单价上通常也比同一栋或者同一区域的平面住宅要高得多，如此总价则偏高，但是价格虽然高，它所提供给人的居住质量，是有一种尊贵的感受的（图6-1、图6-2）。

图6-1   复式住宅设计一

图6-2   复式住宅设计二

而错层式则是平面室内设计与复式室内设计之间的综合，它并没有两个完全不同的层面，而是通过将同一层面中的部分抬高一定的高度，从而有效地实现日常生活中所涉及的起居、用餐、娱乐、学习等，都可以在不同的功能层面上进行（图6-3）。

图6-3　错层住宅设计一

（七）客厅功能的户型分析

面积趋势：客厅的面积大小适中，首先要实用，要考虑与其他房间（尤其实卧室）的协调，一般来说，客厅的开间应在3.8～5m之间，过大或过窄都与人们的家居生活规律有冲突。

与阳台的关系：阳台与客厅连接，一方面阳台与自然直接对接，是"风光"入室的最佳通道；另一方面，阳台不能穿过卧室形成干扰，影响私密性，而应与厅相连接，成为厅的延伸。目前，新式公寓已把阳台改建成一个与厅直接连接，多面采光的"阳光室"，住户可以再布置一个茶座，很有生活情趣。

与其他功能区的关系：客厅与卧室应保持一定的距离，实行动静分区，客厅与餐厅相对独立，又不宜完全分离，最好错开或隔断，而使功能分区更显细致，同时客厅应避免与厨房相连，以防污染与噪音，在设计时还要避免卫生间门直接对客厅。

客厅新功能定位，关于客厅，要注意的是随着对消费者的进一步细致以及细分后消费者的个性化需求，是否应重新界定客厅功能进而从根本上改变我们的设计思路。

（八）主卧室内设计功能强化分析

独立、舒适、安逸、豪华、典雅、有个性品位的主卧正是业主尊贵身份的重要体现。卧室是整套住宅中私密性最强的所在，主卧室应尽量向阳，能有良好的通风。

位置：位置上远离入户门与客厅，避免直接对客厅与洗手间为邻，同时注重朝南与最佳景观。

面积：面积比其他房间大，把握好舒适度，而且要注意南北差异定位设计更为完备的设施，如按摩浴缸等。

辅助功能：在目前的住宅室内设计中，应该是将功能进一步细分，如在主卧室就可以考虑设计衣帽间、梳妆间（图6-4、图6-5），可以考虑设置背景音乐系统等。

图6-4　衣帽间设计一

图6-5　衣帽间设计二

（九）阳台功能的多元化区分析

阳台的设计应在注意基本功能的基础上，推陈出新，满足人们不断高升的品位需求（图6-6、图6-7），例如，可以进行以下室内设计分析。

图6-6　阳台设计一

图6-7　阳台设计二

目前在设计阳台时，有两种不同的思路：一种是强调通风，将两个阳台分置（客厅＋餐厅）两端，偏向客厅的阳台为休闲阳台，会在设计时增加趣味性设计；另一种注重实用，将北向阳台与厨房相连，作为工作阳台，便于放置新鲜的蔬菜及其他小杂物，属于厨房的延伸，在进行阳台设计时需要考虑其功能和使用者的需要以及南北方的生活习惯差异。

内阳台，将阳台整体纳入室内，使其在为客厅的自然延伸，因而也可看做是封闭阳台的一种升级，内阳台的好处是可以避免风沙灰尘的侵扰（只要我们城市处于高速扩张中就仍是大工地，只要生态环境没有根本的改善，风沙灰尘侵扰就会在较长时间内成为影响我们生活质量的重要因素），另外如能以大幅度的落地玻璃代替墙体，不仅可以引入充足的阳光，而且视线也极为开阔，内阳台特别适合北方地区。

观景阳台，可观海景、山景、湖景、江景、河景、城市夜景及天际线背景、街景、公共公园、小区中心庭园。

景观阳台，阳台是影响住宅建筑外立面观感极为重要的因素，因而如何让阳台自身也成为一种景观，是建筑设计必要的追求。在近10余年来全国各地开发商的商品房中，代表着古今中外不同建筑风格都被贴切或者生硬地运用到了阳台上，阳台的造型也一改过去千篇一律的长方形，出现了大量的半圆形、弧形、扇形、L形等。

家政阳台，是与其同时出现的观景阳台相对应的概念，顾名思义就是用于家政劳动或者充当家庭服务的空间。被称为家庭阳台的，往往在室内设计上需备有水龙头、地漏、电插座及晾衣架等，但其面积也就在 $2 \sim 3m^2$，这种阳台往往处于北向和设备间或厨房相连，与卧室"静区"远离。

根据对不同类型的阳台的功能分析，针对使用者的性质和要求进行功能划分和风格定位，家具和陈设品的选择是非常有必要的。

（十）厨房辅助空间功能分析

厨房是居住最重要的辅助使用空间，在其中活动的时间较长且频繁，设计时注意功能的开发和室内环境的

保护，充分考虑冰箱、微波炉的位置。

位置：厨房、餐厅、小阳台，应该三位一体化设计，好的厨房带有一个2m²左右的服务阳台，厨房与餐厅联系方便，便于家庭杂物放置在小阳台上，也便于厨房操作与用餐人交流，产生一种舒适感。

面积：无论南北方面积一般在5～8m²但由于现在厨房用的电器日益增多，因此需要注意插座的位置和数量。

舒适性：由于生活节奏的加快，厨房设计应该更合理科学，在洗、切、炒的流程中L形比"一"字形更能减少步伐。

创新：一是在200m²的房间设置早餐室；二是设计开放的厨房（可以边做饭边享受音乐）。

（十一）卫生间的功能分析

面积：对于洗手间的设计由于不同购房者需求差异，面积集中在6～7m²和10～12m²两个区间。

通风采光：卫生间最容易出现潮湿阴冷，从而滋生病菌，因此设计时要注意尽量通风采光。

装修：公共洗手间通常不是业主装修的重点，因此发展商提供统一的装修较为合理，但应注意地面、浴具、卫具、墙壁、天花板及其他用具应保持洁净、清爽的感觉。

功能布局：冬天不再去公共澡堂而是在家淋浴，泡在自家的浴缸里必将成为未来生活的主流，因此浴缸在洗手间里不可或缺，尤其是主卧洗手间，在一次对年轻人的"预想生活"调查中，不少人就选择了"泡在三角形的大浴缸里，边泡澡边放松给朋友打电话"，认为这是极现代、极浪漫的生活。三角形比长方形更能节省空间，长方形宽度不能太窄，否则将用具全部集中于一边或间隙过小都将为使用者带来不便，而影响用具布局的主要因素就是开门方向，因此推拉门是设计时的要点。

（十二）综合住宅室内设计注意问题

1. 实用性

实用性是指满足实用的要求，使用功能要合理，面积大小要适宜，客厅、房、厨、卫、阳台、门窗等各类功能区间的设计应保证能满足人们的各种生活需求，另

外，不同的人群其生活需求不尽相同，例如作家对书房的要求比较高，而音乐人士一般需要设置隔声效果好的音乐间，而商业人士经常会有会客的需求，因而，对客厅的要求则比较高。所以，实用性的标准应根据消费人群的生活特性做相应的调整。

另外，需要强调的是，以国人传统观念来看，在对每个房间设计时都应方正或者摆放家具要方正，尽可能少点"金角银边"，尤其是谨防多边多角"钻石型"的出现。

2. 安全性

安全性是指住宅室内设计中要注意防盗、防水、抗震和防御自然灾害等基本的安全性能，另外，该安全性还要求具有一定的私密性，这种私密性不仅是对外的，同时也包括室内各个房间之间的私密性。因而，在做室内设计平面图规划时，除了要避免各空间功能之间的互相干扰，还要考虑各个房间之间的联系，对社交空间、功能空间以及私人空间等做合理的分配，有效地分割，尽可能避免互相之间的影响。

3. 灵活性

房屋属于长期消费品，在长时间的使用过程中，很可能会因为家庭规模和结构的变化或者业主喜好的变化而产生对房屋室内的使用功能要求的改变，因而，要求室内设计具有一定的灵活性，以满足业主改变各功能分区的需求，提供了调整与更新的余地，在一定程度上，业主可根据个人的喜好利用家具、陈设品"随意"地分割室内设计平面划分，形成不同的功能分区。

（十三）综合空间设计标准

1. 空间有效分离

6种分离：生理分离、功能分区、动静分离、公私分离、主次分离、干湿分离。

生理分离。是指8岁以上子女应该和父母分室居住，15岁以上的异性子女应分室居住，两代夫妻应分室居住，以满足生理上对居住的要求。

功能分区。是指不同生活功能就有不同的活动空间：会客厅要有客厅；睡眠要有卧室；盥洗室要有卫生间；烹饪室要有厨房；存物要有贮藏室；工作要有书房；

休息要有起居室；入口要有玄关；保姆要有保姆房；想接近大自然要有阳台等，一个好的设计应为使用者提供这些必要的使用空间以满足现代生活的需要。

住宅的使用功能虽然简单，但却不能随意混淆。简言之，一般有如下几个分区：一是公共活动区，供起居、会客使用，如客厅、书室、餐厅、玄关等；二是私密休息区，供处理私人事务、睡眠、休息用，如卧室、书房、保姆房等；三是辅助区，供以上两部分辅助、支持用，如厨房、卫生间、贮藏室、健身房、阳台。这些分区，各有明确的专门使用功能，既有动静分区区别又有小环境的要求，在平面设计上，应正确处理这3个功能区的关系，使之使用合理而不互相干扰。

动静分离。客厅、餐厅、厨房、音乐房、麻将室需要人来人往，活动频繁，应靠近入户门设置。而主要为休息睡眠之用的卧室显然需要最大程度的静谧，应比较深入，两者应严格分开，确保休息的人能安心休息，要走动娱乐的人可以放心活动。

公私分离。家庭生活的私密性必须得到充分的尊重与保护，不能让访客在进门后将业主家庭生活的方方面面一览无余。这就要求在进行室内设计时不仅需要将卧室（主卧、父母房、儿童房）与客厅、餐厅、音乐房、麻将室（娱乐室）进行区位分离，而且应注意各房间门的方向。

主次分离。主人房朝向好（向南或向景观）、宽敞、大气，而且应单独设立卫生间，与老人房略有距离分割。如设有工人（保姆）房，则与主要家庭成员的房间有所分离。

干湿分离。即厨房、卫生间设计时要注意带水、带脏的功能，并与精心装修怕水怕脏的区域等分开。

2. 尺度适宜

功能空间都应该具有合理的大小尺度和相互关系，它应该通过人体工程学、心理学、建筑学，用科学的方法来确定。从各房间的大小来看，人们较理想的卧室面积应在 12 ~ 15m² 之间，较理想的客厅面积在 21 ~ 30m² 之间，客厅的开间不应小于 3.9m，否则会影响看电视的效果。卫生间、厨房、健身房、贮藏室各

占 4 ~ 5m²，阳台占 5 ~ 6m²（表 6-1）。这样的面积分配，基本保证了功能的安置，符合当前人们生活的需求和习惯，例如卧室的主要功能是睡眠和休息，它必须要设置睡床、床头柜、衣橱、化妆台、电视柜、休息椅等家具，还要有一定的活动空间，所以双人卧室的卧具一般为两个尺寸（King size、Queen size）。除此以外厕所门不应直接开向困扰客厅和餐厅，这样既不卫生又不雅观。

表 6-1 设计尺度表

功能区	尺度面积范围	趋势
客厅	开间≥3.9m	走大 偏向豪华舒适性
餐厅	净宽≥2.4m	走大 与客厅分离，出现酒吧等休闲空间 临窗设计
主卧室	开间≥3.6m 12m²≤面积≤25m²	走大 有独立卫生间、更衣室、有休闲阳台
次卧室	10m²≤面积≤15m²	平衡
保姆室	4m²≤面积≤6m²	平衡 与工作阳台连接
卫生间	4m²≤面积≤10m²	走大 三进式设计，使干湿真正分区
厨房	净宽≥1.5m 8m²≤面积≤12m²	走大 附带工作阳台
贮藏室	4m²≤面积≤6m²	走大 走入式设计
阳台	净宽≥1.6m 栏高≥1.2m 4m²≤面积≤12m²	走大 功能可设为健身、休闲等
工作阳台	净宽≥1.2m² 4m²≤面积≤6m²	平衡 兼洗衣间功能

六、项目检查表

项目检查表				
实践项目		住宅综合设计专项		
子项目	住宅综合设计专项	工作任务		住宅综合规划设计
检查学时		0.5 学时		
序号	检查项目	检查标准	组内互查	教师检查
1	手绘方案草图	是否详细、准确		
2	电脑施工图	是否齐全		
3	电脑效果图	是否合理		

检查评价	班　　级		第　　组	组长签字	
	教师签字		日　　期		
	评语：				

七、项目评价表

项目评价表						
实践项目		住宅综合设计专项				
子项目	住宅综合设计专项		工作任务		住宅综合规划设计	
评价学时		1 学时				
考核项目	考核内容及要求	分值	学生自评（10%）	小组评分（20%）	教师评分（70%）	实得分
设计方案	方案合理性、创新性、完整性	50				
方案表达	设计理念表达	15				
完成时间	3课时时间内完成，每超时5min扣1分	15				
小组合作	能够独立完成任务得满分	20				
	在组内成员帮助下完成得15分					
总分		100				

项目评价	班　　级		姓　　名		学　号	
	教师签字		第　　组	组长签字		
	评语：					
	日　　期					

八、项目总结

整理调研结果，对真实案例进行草图规划，结合观察到的施工工艺，绘制住宅室内平面图、立面图、剖面图、节点详图等需要了解施工工艺的图纸，作出详细的尺寸标注和材料注释，并附带方案的设计说明，最终完成整体室内设计方案图纸。以上实践课程的内容是根据实际设计流程来进行，当学生对具体的施工工艺不了解时，应及时返回施工现场观摩，结合具体操作能加深理解。

九、项目实训

（一）实训内容

1. 实训名称

住宅综合设计专项。

2. 项目面积

设计总建筑面积为 $220m^2$（±10%）的独户住宅室内空间，层高 3m，层数自定。

3. 实训规模和标准

5 口之家，其中包括一对夫妇、一位老人、两个小孩（一男一女）。

4. 结构类型

砖混结构。

5. 户内面积要求

（1）起居室：$30 \sim 60m^2$。

（2）主卧室：$20 \sim 45m^2$（含独立卫生间和衣帽间）。

（3）次卧室：$10 \sim 35m^2$（2 个，包括一间客卧）。

（4）老人房：$15 \sim 25m^2$。

（5）书房：$20 \sim 42m^2$。

（6）厨房：$15 \sim 40m^2$。

（7）餐厅：$15 \sim 30m^2$。

（8）厕所、浴室、洗手间：$15 \sim 30m^2$。

（9）交通联系部分（过厅、走道、楼梯）面积约占以上面积之和的 15% ~ 20%。

（10）其他辅助房间。例如：工作间、书房、健身房、琴房、温室、露台、阳台等由设计者自行考虑设计。

（二）实训总体要求

1. 图纸规格

（1）图纸尺寸：594mm × 420mm。

（2）表现方式：铅笔黑白表现（可使用电子档）。

（3）每套图纸须有统一的图名和图号。

2. 图纸内容

（1）平面图。比例：1：100。

要求：画出准确的室内平面并注明层高，注明各室内空间的性质和位置；标注相关尺寸，正确表现室内功能空间与过渡空间的交接关系；室内卫生设备布置，注指北针。

（2）设计说明。要求：所有字应用仿宋字或方块字整齐书写，禁用手写体。

1）设计构思说明。

2）设计人姓名（注于每页图纸右下角）。

（三）实训进度计划

1. 方案构思阶段

本阶段设计的主要工作有两项，即：正确理解大户型室内设计要求，分析任务书给予的条件；进行方案构思，做出初步方案。

（1）了解各房间的使用情况，所需面积，各房间之间的关系。

（2）分析地段条件，确定出入口的位置、朝向。

（3）建筑物的性格分析。

（4）对设计对象进行功能分区，闹、静分区。

（5）合理地组织人流流线。

该阶段应集中精力抓住方案性问题，其他细节问题可暂不顾及。可先作小比例总图方案两三个，经分析比较，选出较优良者作进一步设计。

2. 正图绘制阶段

这一阶段的主要工作是修改并确定方案进行细部设计。学生应根据自己的分析修改并确定方案，修改一般宜在原方案基础上进行，不得再作重大改变。方案确定后，即应将比例放大，进行细节设计，使方案日趋完善，要求如下：

（1）进行总图细节设计，标注相关尺寸。

（2）根据功能和美观要求处理平面布局及空间组合的细节，如妥善处理厕所设计等各种问题。

（3）确定结构布置方式，根据功能及技术要求确定开间和进深尺寸，通过设计了解室内设计与结构布置关系。

（4）对室内洁具布置进行充分的设计。

（四）考核评分

（1）总体布局：15%。

（2）功能关系：55%。

（3）流线组织：10%。

（4）图面表现：20%。

附实训项目平面图（图6-8）。

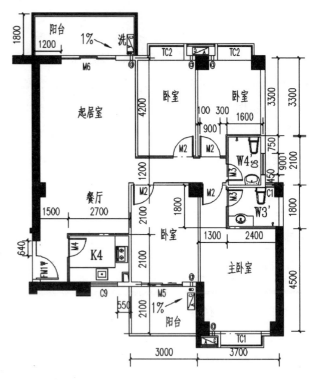

图6-8　实训项目平面图

附录 《住宅设计规范》（GB 50096—2011）（室内部分）

3.2 卧室、起居室（厅）

3.2.1 卧室之间不应穿越，卧室应有直接采光、自然通风，其使用面积不宜小于下列规定：

1. 双人卧室为 10m²；

2. 单人卧室为 6m²；

3. 兼起居的卧室为 12m²。

3.2.2 起居室（厅）应有直接采光、自然通风，其使用面积不应小于 12m²。

3.2.3 起居室（厅）内的门洞布置应综合考虑使用功能要求，减少直接开向起居室（厅）的门的数量。起居室（厅）内布置家具的墙面直线长度应大于 3m。

3.2.4 无直接采光的餐厅、过厅等，其使用面积不宜大于 10m²。

3.3 厨房

3.3.1 厨房的使用面积不应小于下列规定：

1. 一类和二类住宅为 4m²；

2. 三类和四类住宅为 5m²。

3.3.2 厨房应有直接采光、自然通风，并宜布置在套内近入口处。

3.3.3 厨房应设置洗涤池、案台、炉灶及排油烟机等设施或预留位置，按炊事操作流程排列，操作面净长不应小于 2.10m²。

3.3.4 单排布置设备的厨房净宽不应小于 1.50m；双排布置设备的厨房其两排设配的净距不应小于 0.90m。

3.4 卫生间

3.4.1 每套住宅应设卫生间，第四类住宅宜设两个或两个以上卫生间。每套住宅至少应配置三件卫生洁具，不同洁具组合的卫生间使用面积不应小于下列规定：

1. 设便器、洗浴器（浴缸或喷淋）、洗面器 3 件卫生洁具的为 3m²；

2. 设便器、洗浴器两件卫生洁具的为 2.50m²；

3. 设便器、洗面器两件卫生洁具的为 2m²；

4. 单设便器的为 1.10m²。

3.4.2 无前室的卫生间的门不应直接开向起居室（厅）或厨房。

3.4.3 卫生间不应直接布置在下层住户的卧室、起居室（厅）和厨房的上层。可布置在本套内的卧室、起居室（厅）和厨房的上层；并均应有防水、隔声和便于检修的措施。

3.4.4 套内应设置洗衣机的位置。

3.5 技术经济指标计算

3.5.1 住宅设计应计算下列技术经济指标：

1. 各功能空间使用面积（m²）；

2. 套内使用面积（m²/套）；

3. 住宅标准层总使用面积（m²）；

4. 住宅标准层总建筑面积（m²）；

5. 住宅标准层使用面积系数（%）；

6. 套型建筑面积（m²/套）；

7. 套型阳台面积（m²/套）。

3.5.2 住宅设计技术经济指标计算，应符合下列规定：

1. 各功能空间面积等于各功能使用空间墙体内表面所围合的水平投影面积之和；

2. 套内使用面积等于套内各功能空间使用面积之和；

3. 住宅标准层总使用面积等于本层各套型内使用面积之和；

4. 住宅标准层建筑面积，按外墙结构外表面及柱外沿或相邻界墙轴线所围合的水平投影面积计算，当外墙设外保温层时，按保温层外表面计算；

5. 标准层使用面积系数等于标准层使用面积除以标准层建筑面积；

6. 套型建筑面积等于套内使用面积除以标准层的使用面积系数；

7. 套型阳台面积等于套内各阳台结构底板投影净面积之和。

3.5.3 套内使用面积计算，应符合下列规定：

1. 套内使用面积包括卧室、起居室（厅）、厨房、卫生间、餐厅、过道、前室、贮藏室、壁柜等的使用面积的总和；

2. 跃层住宅中的套内楼梯按自然层数的使用面积总和计入使用面积；

3. 烟囱、通风道、管井等均不计入使用面积；

4. 室内使用面积按结构墙体表面尺寸计算，有复合保温层，按复合保温层表面尺寸计算；

5. 利用坡屋顶内空间时，顶板下表面与楼面的净高低于1.20m的空间不计算使用面积；净高在1.20～2.10m的空间按1/2计算使用面积；净高超过2.10m的空间全部计入使用面积；

6. 坡层顶内的使用面积单独计算，不得列入标准层使用面积和标准层建筑面积中，需计算建筑总面积时，利用标准层使用面积系数反求。

3.5.4 阳台面积应按结构底板投影面积单独计算，不计入每套使用面积或建筑面积内。

3.6 层高和室内净高

3.6.1 普通住宅层高宜为2.80m。

3.6.2 卧室、起居室（厅）的室内净高不应低于2.40m，局部净高不应低于2.10m，且其面积不应大于室内使用面积的1/3。

3.6.3 利用坡屋顶内空间作卧室、起居室（厅）时，其1/2面积的室内净高不应低于2.10m。

3.6.4 厨房、卫生间的室内净高不应低于 2.20m。

3.6.5 厨房、卫生间内排水横管下表面与楼面、地面净距不应低于 1.90m，且不得影响门、窗扇开启。

3.7 阳台

3.7.1 每套住宅应设阳台或平台。

3.7.2 阳台栏杆设计应防儿童攀登，栏杆的垂直杆件间净距不应大于 0.11m，放置花盆处必须采取防坠落措施。

3.7.3 低层、多层住宅的阳台栏杆净高不应低于1.05m；中高层、高层住宅的阳台栏杆净高不应低于1.10m。封闭阳台栏杆也应满足阳台栏杆净高要求。中高层、高层及寒冷、严寒地区住宅的阳台宜采用实体栏板。

3.7.4 阳台应设置晾、晒衣物的设施；顶层阳台应设雨罩。各套住宅之间毗连的阳台应设分户隔板。

3.7.5 阳台、雨罩均应做有组织排水；雨罩应做防水，阳台宜做防水。

3.8 过道、贮藏空间和套内楼梯

3.8.1 套内入口过道净宽不宜小于1.20m；通往卧室、起居室（厅）的过道净宽不应小于1m；通往厨房、卫生间、贮藏室的过道净宽不应小于0.90m，过道在拐弯处的尺寸应便于搬运家具。

3.8.2 套内吊柜净高不应小于0.40m；壁柜净深不宜小于0.50m；设于底层或靠外墙、靠卫生间的壁柜内部应采取防潮措施；壁柜内应平整、光洁。

3.8.3 套内楼梯的梯段净宽，当一边临空时，不应小于0.75m；当两侧有墙时，不应小于0.90m。

3.8.4 套内楼梯的踏步宽度不应小于 0.22m，高度不应大于 0.20m，扇形踏步转角距扶手边 0.25m 处，宽度不应小于 0.22m。

3.9 门窗

3.9.1 外窗窗台距楼面、地面的高度低于 0.90m 时，应有防护设施，窗外有阳台或平台时可不受此限制。窗台的净高度或防护栏杆的高度均应从可踏面起算，保证净高 0.90m。

3.9.2 底层外窗和阳台门、下沿低于 2m 且紧邻走廊或公用上人屋面的窗和门，应采取防卫措施。

3.9.3 面临走廊或凹口的窗，应避免视线干扰。向走廊开启的窗扇不应妨碍交通。

3.9.4 住宅户门应采用安全防卫门。向外开启的户门不应妨碍交通。

3.9.5 各部位门洞的最小尺寸应符合表 3.9.5 的规定。

表 3.9.5 门洞最小尺寸

类 别	洞口宽度 /m	洞口高度 /m
公用外门	1.20	2.00
户（套）门	0.90	2.00
起居室（厅）门	0.90	2.00
卧室门	0.90	2.00
厨房门	0.80	2.00
卫生间门	0.70	2.00
阳台门（单扇）	0.70	2.00

参考文献

［1］ 来增祥，陆震伟. 室内设计原理（上、下）［M］. 北京：中国建筑工业出版社，2006.

［2］ 黄耀成. 设计师的家一、二册［M］. 哈尔滨：黑龙江科学技术出版社，2004.

［3］ 汤重熹. 室内设计［M］. 2 版. 北京：高等教育出版社，2014.

［4］ 安素琴. 建筑装饰材料［M］. 北京：高等教育出版社，2007.

［5］ 何平. 装饰材料［M］. 南京：东南大学出版社，2009.

［6］ 赵思毅. 室内光环境［M］. 南京：东南大学出版社，2003.

［7］ 王炳仪，等. 国外建筑实录——别墅［M］. 北京：清华大学出版社，1982.

［8］ 朱昌廉. 住宅建筑设计原理［M］. 2 版. 北京：中国建筑工业出版社，1999.

［9］ 建筑设计资料集编委会. 建筑设计资料集［M］. 2 版. 北京：中国建筑工业出版社，1994.

［10］ 中华人民共和国建设部. GB 50352—2005 民用建筑设计通则［S］. 北京：中国建筑工业出版社，2005.